輸入電機第3回目発注のグループに属する
ED14は、米国・ゼネラルエレクトリック
製。第1回発注グループのED11によく似た
車体を持ち4輌が製造された。写真は仙山線
時代のもので、前灯のヒサシが特徴的。
1958.9.6　作並　Ｐ：Ｊ.ウォーリー・ヒギンズ
所蔵：名古屋レール・アーカイブス

中央東線での異形式3重連の貨物列車。先頭からED17
21(英国・イングリッシュエレクトリック製)、ED16
4(国産)、EF11 4(国産)。もっとも、この時代には
ED17の主要機器も国産品に置き換えられていた。
1960.12.31　大久保　Ｐ：Ｊ.ウォーリー・ヒギンズ
所蔵：名古屋レール・アーカイブス

ED18という形式は初代と2代目があり、共にルーツはED50・52のイングリッシュエレクトリック製の電機。特徴的なのは2代目で、飯田線に入線するために遊輪を持つ国産の棒台枠台車を履かせた。この3号機は3両居た2代目ED18のうち、唯一初代ED18であった経歴も持つ1輌。
1974.1.13　辰野　P：久保　敏

米国・ウエスチングハウス／ボールドウィンのED53を貨物用に改造したのがED19で、その軸重の軽さが買われて晩年は全機飯田線北部に集結。ED18（2代目）と共に働いた。
1974.1.13　伊那松島　P：久保　敏

初期輸入電機のうち多くの譲渡を受けた西武鉄道では、バラエティ溢れる陣容で貨物列車に活躍した。写真は左からE71（元ED102）、E61（元ED11 1）、E52（元ED12 2）、E43（元青梅鉄道1号形→国鉄ED36 1）。　　1994.10.14　横瀬車両管理所　P：佐藤利生

特徴的な八角形の車体に長いヒサシを持つ西武鉄道E52。元はスイス・ブラウンボベリー製で、2輌が製造され後年2輌とも西武鉄道に譲渡されてE51/E52として長年活躍した。
　　1994.10.15　横瀬　P：久保　敏

貴重な、旧塗装時代の西武鉄道E51（元ED12 1）の写真。西武譲渡にあたり、運転席側斜め前面の窓が新たに開口された。この時代、パンタグラフはPS13を搭載。

　　　　1961.11.16　国分寺線
　　　　P：J.ウォーリー・ヒギンズ
　　　所蔵：名古屋レール・アーカイブス

西武E71（除籍後）は、イベントの一環で国鉄時代のぶどう色2号に塗られED10 2のナンバーも取り付けられた。現在もこの状態で静態保存されている。

2002.10.19　横瀬車両基地
P：佐藤利生

2輌が在籍したED11のうち、西武鉄道に譲渡されなかった方の2号機は浜松工場の入換用として使用された後、佐久間レールパーク→リニア・鉄道館に保存されて現在に至る。
1985.10.29　浜松工場　P：久保　敏

4輌が在籍したED14は後年全機が近江鉄道に集結。車番もそのままで活躍し、貨物営業終了後も長く留め置かれていたが、惜しくも近年に全機解体となった。
2000.11.18　彦根車庫　P：佐藤利生

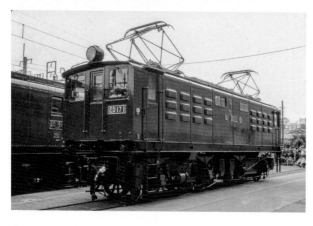

輸入電機の中では大所帯となったED17のうち、この1号機は廃車後山梨県内の公園で保存→大宮工場→鉄道博物館に移設されて現在に至る。
2000.10.28　大宮工場　P：久保　敏

スイス製の電気機関車は運転室付近に独特なスタイルを見せてくれる。ED12形も側面から前面にいたるところが斜めに折れているのが特徴である。
1932.8 品川 P：高田隆雄

はじめに

国鉄の幹線電化の歴史はまず碓氷峠から始まった。碓氷峠、信越本線横川－軽井沢間はアプト式の急勾配区間であり、トンネルも連続しているところから、この区間に限定しての電化、電気機関車運転であった。

従って、輸送量の多い幹線を比較的長い区間電化したということになると、東海道本線の東京－国府津間77.7kmとそれに付随するような形での横須賀線大船－横須賀間15.9kmが電化され、電気機関車牽引の〝電気列車〟が走りだしたのが始まりということになる。

この時の電化方式は直流1500Vで、この方式・電圧は現在まで我が国の高速電気運転の標準となっている。そして、この電化に伴って、欧米から多数の電気機関車が輸入されている。

今回、東海道電化の時に海を渡ってきたこれらの輸入電気機関車について、写真を主体にまとめてみたのが本書である。なお、頁数の関係で上・

下2巻に分けさせていただいたほか、アプト式については別途とさせていただいた。

　古来、日本の歴史をひもといてみると、佛教伝来といった宗教的な事柄から、陶磁器の製法、鉄砲、幕末開国以降の近代産業と、海外からの渡来はいつの時代にも歴史を新しくしてくれる。国鉄初期の電気機関車もその渡来物の一つであり、それを技術的に消化することによって、現在のEF210、EH500形へと進展してきたのである。

国産機ED16形と英国製のED17形が重連で中央線を走る日英同盟の姿。このころのED17形はすでに電気品などを国産の機器に入れ替えられていた。　　　　1959.5.7　塩山付近　P：宮田雄作

国鉄輸入電気機関車にいたる歴史

1、機関車の輸入

日本における鉄道車輌、なかでも蒸気機関車、電気機関車、内燃機関車は車輌をそっくり輸入して使用することから始まった。1872（明治5）年新橋－横浜間に日本の鉄道が開業したことはよく知られているところであるが、この時の蒸気機関車は全てイギリスから輸入された。

車輌を外国から輸入することは、今でも発展途上国では常套手段である。しかし、その場合の輸入車輌の揃え方は二通りの方法がある。一つは必要輌数を同じ形式の車輌で揃えるという方式である。価格、性能、その他を判断した上でまとめて購入することは、大量に購入することによる価格の引下げや、使用に供したあとの運転・保守における同形車輌ゆえの容易性がある。もう一つの方法はいろいろな形式の車輌を輸入し、各車種ごとの良い点、悪い点を学びとって今後の参考にしようというやり方である。趣味的に見ればいろいろな形の車輌があって変化に富んで面白いと言えようが、運転や保守をする立場からすれば、例えば運転するたびに操作機器の配置が異なり、車輌性能、走行時のクセも違うことになるから、いささか面倒である。

日本の場合、1872（明治5）年の鉄道開業時の蒸気機関車は、国はイギリス一国だけであったが、メーカーはさまざまであった。そして電気機関車についても、大正末期の東海道本線電化に際して揃えられた機関車はアメリカ、イギリス、スイス、ドイツとあり、持ち上げた言葉で言えば多士済済という風体であった。当時の事情は詳らかでないが、サンプル輸入と簡単に片づけられるものでもなさそうで、「日本の幹線電化！」とあって輸入商社、メーカーともども受注に尽力したこともあったようだ。

ちょっと悪く言えば総花的発注となったわけだが、これと逆の状況だったのは1912（明治45）年から電気

終戦直後の東京駅構内にたたずむEF50形。この頃、旅客車は窓や扉などの不良でひどい状態だったが、電気機関車の外観は荒廃を感じさせない。
1946.8.10　東京　P：浦原利穂

運転を開始した信越本線の横川－軽井沢間、いわゆる碓氷峠用の電気機関車で、この時は10000形（後のEC40形）12輌を同一メーカー品で揃えている。もっとも、この線区はラックレールを使った勾配線区であっただけに、どこのメーカーでも製作できるという車輌でなかった特殊性も大きな要因であろう。

いろいろな車輌形式が輸入された明治初期の国鉄蒸気機関車、同じような大正末期の国鉄電気機関車、この二つの事例を見るとき、戦前の小学校で習った明治天皇の詠んだ歌を私は思い出す。「よきをとり　あしきをすてて　とつ国に　おとらぬ国と　なすよしもがな。」

外国の良いところは取リ、悪いところは真似しないで、他の国々より立派な国にしたいものだ…といったような意味である。国鉄輸入電気機関車について見れば、各国から取り寄せた車輌の技術を斟酌して共同設計のEF52形を1928（昭和3）年に落成させており、効果はあったと見てよいだろう。

2、輸入から国産へ

輸入することから始まった蒸気機関車は、1893（明治26）年に初の国産機860形が完成し、1903（明治36）年には民間車輌メーカー汽車製造の230形が量産されて国鉄に納入されている。国鉄の蒸気機関車はその後輸入機を主体に国産機も加わる併用時代となり、輸入機は1911（明治44）年の8700、8800、8850、8900形といった2Cまたは2C1の大型機と、その直後の勾配線区用マレー型で一応終わる。

蒸気機関車を国産としてからの例外は1926（大正15）年の3シリンダ機8200形（後のC52形）である。これこそサンプル輸入であり、すぐに国産3シリンダ機C53が誕生した。

さて、本題の電気機関車・電化であるが、日本国有鉄道百年史第9巻によれば次のような経過で電化が決定している。

- 1919（大正8）年7月11日　原内閣の閣議で「国有鉄道運輸ニ関シ石炭節約ヲ図ルノ件」が決定。
- 1919（大正8）年7月31日　鉄道院に鉄道電化調査委員会が設置される。
- 1921（大正10）年6月7日　鉄道省に電気局設置、7月15日東海道本線電化実行特別委員会が設けられる。
- 1922（大正11）年の第46回帝国議会で東海道本線東京・神戸間の電化計画が、大正17年（1928／昭和3年）までの竣工予定で協賛される。
- 1922（大正11）年9月から鉄道省は東京・小田原間83.9km、大船・横須賀間15.9kmの電化工事に着手（※

1）。

機関車国産化を打ち出した国鉄ではあるが、これは蒸気機関車についてのことであり、（当時のとしての）大型電気機関車はまだ製造技術が民間の電気・車輛メーカーにおいて十分ではないとの判断に立ち、電化に際して使用する機関車については輸入することになった。

このころ私鉄においては国産の電気機関車の使用実績もあった。一番古いのは大阪高野鉄道（現在の南海電気鉄道高野線）が1916（大正5）年に製作した凸型車体のB−B型電気機関車である。その他大正時代には伊那電気鉄道のデキ1形（芝浦製作所・石川島造船所）や新京阪鉄道デキ1～3（後のデキ2000形／東洋電機・汽車製造）といった車輛も見られたが、これらは電動客車と電動機出力的にも大差なく、技術的には電車の延長線にある車輛と見なせる。

国鉄の輸入電気機関車は大きく分けると3回に分けて発注されている。第1回目の車輛はED10形、ED11形、ED12形、ED13形の4形式で、直流600V／1200Vの切り換え装置付とし、600Vの中央線、1200Vの山手線の貨物列車用として試用されたのち、1500V用に改造され、東海道線電気運転用に転じた。

東海道本線の電化に際し、電気方式は当時の欧米で実施されていた単相交流低周波数25Hzまたは16 2/3Hzも検討されたようだが、狭軌用の交流整流子電動機の製作実績が乏しく、誘導障害の心配もあって直流1500Vとなった。日本で交流電化が芽生えるのは1955（昭和30）年頃である。このときフランスから商用周波数（50Hz）の交流電気機関車輸入の話もあったが、話だけに終わってしまった。もし実現していれば最後の輸入機関車ということになったわけである。

第2回の輸入は全てイングリッシュエレクトリック社製で、ED50～52、EF50の各形式がそれである。

そして1925（大正14）年12月13日東京−国府津間と大船−横須賀間の電気運転が開始された。東海道本線の電化は1926（大正15）年2月に小田原まで延び、さらに熱海、丹那隧道の完成により1934（昭和9）年12月1日には沼津まで延長された。

第3回の発注は丹那隧道開通をひかえてのもので、ED14、ED53、ED54、EF51の各形式が該当する。

ED56形とED57形は日本のメーカーが発注し国鉄に引き取られた機関車である。この間、日立製作所が国内でED15形を製作、1926（大正15）年に国鉄へ納入しているのは称えられてよいだろう。高速電車が一段と高速化された昭和初頭、メーカーの技術も向上し車種統一の声も上がるなか、国鉄とメーカーの共同設計での電気機関車が企画され、1928（昭和3）年にEF52形、つづいて1931（昭和6）年に上越線用としてED16形が新製され、以後、国鉄の電気機関車も国産化時代となったのである。

※1）日本国有鉄道百年史　第9巻　455頁　昭和47年3月25日　日本国有鉄道刊による

中央線で暖房車を組み込んだ木造客車列車を牽くED52 1。現在は住宅が沿線に立ち並んでいる三鷹付近も、戦前は武蔵野の面影を十分に伝えてくれる地域であった。国木田独歩の『武蔵野』の舞台もこのあたりで、三鷹の駅前にはその碑がある。　　　　三鷹付近　P：高橋慶喜（所蔵：荻原二郎）

ED10（1000）

国鉄の電気機関車の形式は当初、数字だけの形式であった。それが1928（昭和3）年に改番され、ED○○という形式となった。トップナンバーをもらったのはアメリカ／ウエスチングハウス・ボールドウィン製の1000形、後のED10形であった。トップナンバーをもらったということは日本到着が一番早かったということで、1922（大正11）年11月2日、横浜港に1000、1001の2輌が到着し、1923（大正12）年2月には早くも「の」の字運転をしていた東京の電車線、中野－池袋間で牽引試運転をしている。ED10～13の各形式は1500Vへの改造を念頭におきつつ仕様は600V／1200Vで製作されている。そのころの電車線は中央線、山手線、京浜線とも600Vか1200Vだったから、習熟運転するためにそのようにしたのである。

ED10形の外観は野球選手の帽子のような深いひさしが付いた優雅な姿をしている。台車は直径1245mmの車輪を組み込んだ堂々たる組み立て式であるが、台車と台車は連結されていない。このような方式の台車をスイベル（Swivel）型と称しているが、台車と台車を連結しているアーチキュレーテッド（Articulated）型に比べると引張力が台車から心皿を経て台車へ伝わるため、一般に台枠はごついものになっている。

1001号が木造の省線電車を牽引する珍しい写真。輸入商社として名を馳せた高田商会の宣伝用絵葉書からの複写である。　所蔵：白土貞夫

ED10形の電気的な特徴はED11形と共に制御電源が電動発電機でなく発電動機（ダイナモーター）により、電車線電圧1200V時に制御電圧600Vと高い電圧であることである。従って前照灯などは直列に抵抗を入れて点灯している。

ED10形は組立完了後、中央線の600Vの電車が1200Vの山手線を通って大井工場へ入出場できないので、それらの電車の牽引用に当初使用された。1500V改造後は東海道線の貨物機として使用され、晩年は横須賀線で活躍した。廃車は1959～1960（昭和34～35）年で、ED10 2は西武鉄道へ転じE71となった。

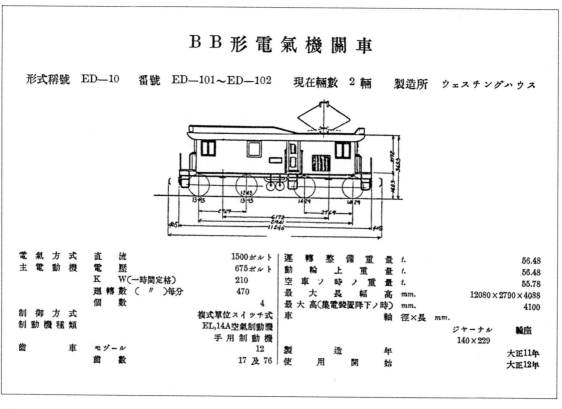

ＢＢ形電氣機關車

形式稱號　ED—10　　番號　ED—101～ED—102　　現在輌數　2 輌　　製造所　ウェスチングハウス

電氣方式	直流	1500ボルト	運轉整備重量 t.	56.48
主電動機	電壓	675ボルト	動輪上重量 t.	56.48
	KW（一時間定格）	210	空車ノ時ノ重量 t.	55.78
	廻轉數（〃）毎分	470	最大長幅高 mm.	12080×2790×4088
	個数	4	最大高（集電裝置降下ノ時）	4100
制御方式		複式單位スイッチ式	車　軸　徑×長 mm.	
制動機種類		EL,14A空氣制動機		
		手用制動機	ジャーナル　輪座	
齒車	モヅュール	12	140×229	
	齒數	17及76	製造年	大正11年
			使用開始	大正12年

▲輸入電機のトップナンバーとなった1000（のちのED10 1）。東海道線
用電機は10000代のアプト式とは異なり、蒸機との番号重複を承知で
1000代となった。1000形蒸機は初代がボールドウィン製のCタンク、2
代目がテンダ機改造の2B1タンク機であった。　P：鉄道博物館所蔵

▶ED10形は輸入当初、大型パンタグラフを1台付けていたが、のちに2
台に改造された。集電容量、信頼性からして大型電気機関車はパンタグ
ラフ2台が一般的である。　　　1939.4.12　熱海　P：荻原二郎

▼ウエスチングハウス・ボールドウィンの銘板は普通、車体側板に付い
ているが、ED10形では台枠のデッキの脇に付いている。それが陽射しに
輝いたこの写真でよく分かるが、国鉄での晩年にはこの銘板も取り外さ
れてしまっていた。　　　1937.1.8　熱海　P：荻原二郎

輸入当時のパンタグラフを変更したED10形は前照灯と干渉するため、前照灯をひさしよりさらに前方に張り出すように取付けている。下の戦後の写真を見ると前照灯の位置はまともな場所に移っているのがわかる。
1933.11.28
川崎
P：荒井文治

横須賀線は小さなトンネルが点在しているが、逗子－東逗子間はトンネルもなく、比較的平坦な区間となっている。ED10形は昭和30年代なかばまで横須賀線で活躍していた。
1957.10.13　逗子－東逗子　P：桝江耕二

ED10形は電気機関車としては側面のちょっと変ったところに扉があり、ここから機械室へ直接出入りできるようになっている。その扉の位置は両側面とも中央よりやや右寄りに付いている。　　　　　　　　　　　　　　　　　　　　　　　　　1953.11.1　田浦　P：石川一造

西武鉄道へはED10 2のほかED11、ED12形といった国鉄輸入電機も譲渡されたが、輸入電機の先陣だったED10形は譲渡が後だったので、〝先のからすが後になり〟のことわざのように、西武鉄道ではE71と一番最後の形式となった。　　　　　　　　　1982.5.22　所沢　P：名取紀之

ED11（1010）

ED11形はED10形と生まれた国は同じであるが、メーカーは異なり、G.E（ゼネラルエレクトリック）である。

この機関車は同じメーカーの製造になるED14形と車体はよく似ているが、台車は釣合梁式で、板台枠なのがED14形と大きく違うところである。主電動機は同一形式で、国鉄の形式で言うとMT8形、G.Eの形式ではGE－274－Aで、歯車比も同じである。しかし、ややこしいことであるが、車輪直径が異なり、ED14形の方が大きいため、やや低速で牽引力重視型となっている。

ED11、14形の車体の大きなポイントは十字に桟の入った側面の窓である。このころのG.E製電気機関車の多くはこの窓を付けている。例えばシカゴ・ミルウォーキーアンドセントポール鉄道の山越え用の大型電機EF1形などもこの窓を付けている。正面もほぼ思想的には共通で、中央に扉があり、運転台の窓は細長くてやや狭く、この部分に屋根に昇るためのステップが付いている。しかし、この運転台部分の窓は前方視界が悪かったのだろう。ED11、ED14形とも後に改造されている。

第1回の輸入電機、ED10〜13形の4形式はいずれも2輛ずつで、歯車比は大きく、東海道本線では貨物列

米G.Eの技術誌にImperial Goverment Railway of Japanの貨物機と紹介された写真。連結器は螺旋連結器でバッファーも付いている。

車牽引用である。1931（昭和6）年に中央本線が甲府まで電化された。笹子、小仏のトンネル、25‰の勾配、スイッチバックもあって、電化は切実な願いでもあった。そして電気運転にあたっては東海道線のED型機が大量に転属、国産の新製機ED16形とともに使用された。

ED11形2輛も転配組で、ED14形ともども中央線に移っている。営業線最後の職場は伊東線の貨物用で、ED11 1は廃車後に西武鉄道E61となり、ED11 2は1956（昭和31）年から浜松工場の入換機として使用されていたが、それが幸いして国鉄に長く残っていたため、現在は佐久間レールパークに保存展示されている。

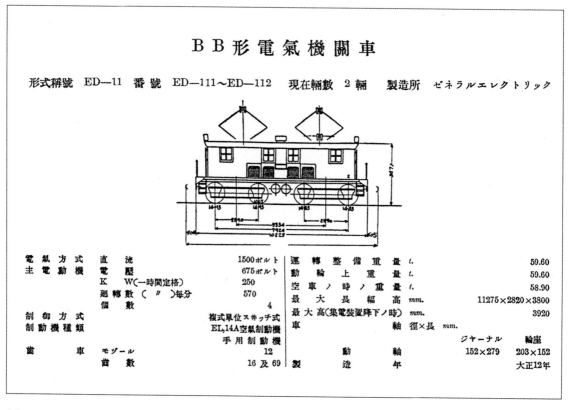

ＢＢ形電氣機關車

形式稱號　ED—11　番號　ED—111〜ED—112　現在輛數　2輛　製造所　ゼネラルエレクトリック

電氣方式	直　流	1500ボルト	運轉整備重量 t.	59.60
主電動機	電　壓	675ボルト	動輪上重量 t.	59.60
	KW（一時間定格）	250	空車ノ時ノ重量 t.	58.90
	廻轉數（〃）毎分	570	最大長幅高 mm.	11275×2820×3800
	個　數	4	最大高（集電装置降下ノ時）mm.	3920
制御方式		複式單位スヰッチ式	車 軸　徑×長 mm.	
制動機種類		EL,14A空氣制動機		ジヤーナル 輪座
		手用制動機	動　軸 152×279	203×152
齒車	モヅール	12		
	齒數	16及69	製造年	大正12年

▲ED11形の運転台。当初はこのように正面の窓がかなり小さかった。前方の視界がやはり十分でなかったようで、のちに改造されている。
『GENERAL ELECTRIC REVIEW』1923.5
268頁より複写(14頁の写真も)

▲(右)中央線電化により八王子機関区に転出した時のED11 1。正面の扉の両側にある三角形の箱は砂箱である。　　1936.1.4　八王子　P：荒井文治

▶窓の十字の桟が1920年代のG.E製の電気機関車の特徴の一つで、アメリカ、メキシコなど各地にこの十字の桟を付けた電気機関車が見られる。
　　1936.1.4　八王子　P：荒井文治

新宿駅で発車を待つ中央線の貨物列車。牽引機はED11 2である。ホームの柱に「しんじゅく」の駅名が見られるが、連結された貨車、木の架線柱…と機関車周辺の事物に目をやると、それぞれに時代がしのばれる。
　　　　　　　　　　　　　　　　　　　　　　　　　　　1934.5.3　新宿　P：久保田正一

中央線は昭和6年に電化成ったが、東海道線からED級の電機が回され、長らくED形の宝庫となっていた。運転士の服装は一般の人が菜葉（なっぱ）服と呼んでいた作業服で、帽子は学生も被っていた鍔付きの黒い丸帽に動輪マークが輝いていた。　　　　　　　1934.4　荻窪　P：久保田正一

▲（左）伊東線時代のED11 2。砂箱が台車に移され、正面の窓は四角い大窓に改造されている。後方に湘南電車クハ86形1次車が見える。
　　　　　　　1950.7.21　熱海　P：三宅恒雄

▲（右）ED11 2の銘板。電圧のところを見ると750/1500Vと切り替え仕様になっていることが判る。　1953.4.2　国府津　P：石川一造

◀浜松工場入換機当時のED11 2。この機関車は浜松工場で使用されていたことが幸いして、解体されることなく、現在も中部天竜の佐久間レールパークに保存されている。
　　　　　　　1969.8.31　浜松工場　P：笹本健次

16

中央線から国府津区に再度転じたED11形は、伊東線の貨物用として使用された。16頁中段の写真を見ると、ナンバープレートは戦時中の金属回収で供出されたのだろう、ペンキ書きの番号となっているが、この写真では新しく作ってもらっていることが判る。　　1953.4.2　国府津　P：石川一造

西武鉄道入りした当時のED11改めE61は特徴ある側面の十字の桟の入った窓も残っていたが、晩年は写真のように1枚ガラスの窓に改装されている。
このE61やE52、E71は廃車後も静態保存されており、イベントのときなどに公開されている。
　　　　　　　　　　　　　　　　　　　　　　　　　　　　　　　　　　　　　1982.5.22　所沢　P：名取紀之

ED12（1020）

ED12形はスイス生まれの輸入機で、ブラウンボベリー（B.B.C）製、機械部分はシュリーレン（Schweizeriche Waggon's und Aüfzugefabrik, Schliereu）製である。スイスはヨーロッパの中で国土こそあまり大きくはないが、鉄道の電化は進んでおり、電機メーカーB.B.Cは世界でも名の知れたメーカーであった。

ED12形は形態的にも特色があり、長いひさし、ちょっと角のついた正面、屋根上に載せたエアタンクなどが目につく。メカ的な大きな特徴は歯車装置で、通常はモーターと車軸の間には車軸の片側にしか歯車装置はないが、ED12形は両側に付いているのである。両軸モーターを使ってこのように伝達すれば車軸中央部に捩れトルクも掛からない良さはある。しかし、狭軌の狭いバックゲージのなかで、モーターの幅はさらに制約されることになる。ED12形の車輪直径が1400mmと、D51形蒸気機関車と同じ直径になっているのもモーター容積を確保するためと思われる。

ED12形の国鉄での廃車は1948〜1949（昭和23〜24）年と輸入電機の中では早かった。しかし、2輌とも西武鉄道が譲り受け、51形、後にE51形として長らく使用された。西武鉄道での廃車はE51が1976（昭和51）年、

■ED12形の歯車配列の概念図

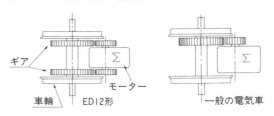

ギア　モーター　車輪　ED12形　一般の電気車

通常の一段減速駆動装置は歯車が車軸の片側にしかないが、ED12形（図左）はそれが両側にある。電動機のための空間容積はその分狭くなるが、動力の伝達という面から見れば、ねじれなどが少なくなり好ましい。

E52が1987（昭和62）年であるから、国鉄時代より西武時代の方が活躍期間が長かったということになる。

1950（昭和25）年、西武鉄道は譲受使用に際して各部を改造している。外観上は運転士の側方の視界を改善するため側板の斜めになっている部分に窓が設けられたのと、側面の鎧窓の新設が大きく変化したところである。

内部機器は1軸でつながっていた空気圧縮機、電動発電機、送風電動機を除去し、空気圧縮機、電動発電機は国産の単独機器とし、送風機は牽引負荷から考えて不要として撤去、主抵抗器の一部を移設して軸重配分を考慮するなどの改造がなされている。

ＢＢ形電氣機關車

形式稱號 ED—12	番號 ED—121〜ED—122	現在輌數 2輌	製造所 ブラウンボベリー

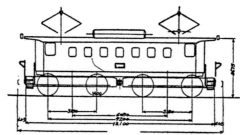

電氣方式	直　流	1500ボルト	運轉整備重量 t.	59.22
主電動機	電　壓	675ボルト	動輪上重量 t.	59.22
	KW（一時間定格）	225	空車ノ時ノ重量 t.	58.92
	廻轉數（〃）毎分	470	最大長幅高 mm.	12920×2745×4175
	個　數	4	最大高（集電裝置降下ノ時）mm.	4135
制御方式		複式電動カム軸式	車　軸徑×長 mm.	
制動機種類		EL.14A空氣制動機		ジャーナル　輪座
		手用制動機		135×240　180×149
歯車	モヅール	12	動　軸	
	齒　數	23及90	製造年	大正12年

機械の美しさ、機械美を示してくれる車輌の一つにこのED12形がある。車軸中心よりやや上部に構成された台車枠、直径1400mmという車輪が足廻りをすっきりさせてくれる。そして長いひさし。雨の日でもデッキからの乗り降りで濡れることは少ないだろう。　1936.2.10　国府津　P：西尾克三郎

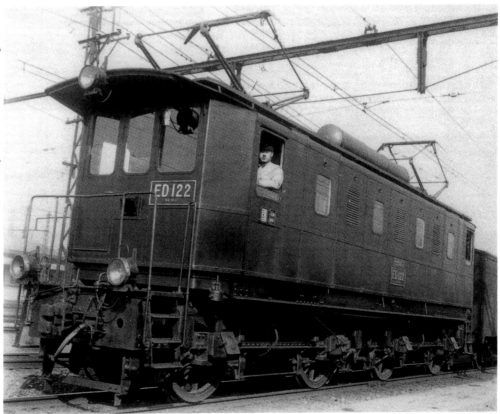

形が良かったED12形であるが、電気品も優れていたようだ。電動機の整流は良好で、工場入場時に弱め界磁のつなぎを間違えて逆にしてしまったが整流は崩れず、スピードが出すぎておかしいと思った、とは山本利三郎さんの思い出である。
P：荒井文治

西武E51形となったED12は、軸重軽減のための改装などがなされた。屋根回りを見るとパンタグラフはPS13形となっている。そしてこの機関車の特色の一つが屋根の上に付いた2本の長いエアタンクである。同じスイス生まれのED54形やアプト式電機ED41形も屋根上にエアタンクが付いている。

西武E52　1978.5.20　所沢

P：吉川文夫

ED12形の製造銘板はED54形に比べると非常にあっさりしており、製造番号も入っていない。ブラウンボベリーとはブラウン氏とボベリー氏という二人の姓を重ねた会社名で、日本ならさしずめ山本・佐藤会社といったところである。　西武鉄道E51　1963.12.8　P：吉川文夫

足廻りの写真である。両側の車輪の所に歯車箱があるため、スポーク車輪が透けては見えない。左の軸箱から車体へ斜めの細い棒が入っているが、これは機械式速度計の回転軸で、台車は車体に対して変位するので自在継手が付いている。　西武鉄道E51　1963.12.8　P：吉川文夫

ED12形は西武鉄道での使用に当って、通風用の鎧窓の増設、運転台側方の窓の新設などが内部機器の改装とあわせて行なわれた。下の写真と比較してみると、運転台側方の窓の新設は運転士席側のみ行なわれたこともわかる。

1963.12.8　上石神井　P：吉川文夫

西武鉄道では主抵抗器の冷却に力を入れてガラス窓の下に通風用の鎧窓を付けたり、主抵抗器の下部床板にも通風用の穴をあけたりしている。その結果、電気機関車としてはかなり窓の多い車体となっていることがうかがえる。

1982.5.22　所沢　P：名取紀之

ED51形の塗装色は青色から赤味がかかった茶色となった。晩年は所沢車両管理所に属していて、セメント関連はE851形に任せ、その他の貨物や工事用列車に使用されていた。　1974.11.13　武蔵横手　P：西尾恵介

ED13 (1030)

国鉄の輸入電気機関車といえば、側面に□形のベンチレーターをいくつも並べたイングリッシュエレクトリック (E.E) の機関車が輛数から言っても代表格となる。その先陣がED13形であるが、以降に輸入されたED50～52形とは多少の差がある。機械部分のメーカーがノースブリティッシュでなくP.W（Peckett and Sons, Atlas Works）と異なっているのが大きな要因であろう。側面には運転台のところ以外窓がない。屋根の丸味も曲線がやや強い。当初は機械室と運転室との仕切リがなかった。そのため運転中の機械の騒音と冬季の寒さには悩まされた。これはすぐに仕切壁と戸が新設されている。

面白いのはパンタグラフで、当初2個取リ付けてあったが、機関車の重量を減らすため1個を取り外したという。パンタグラフが1個しか付いていない写真もある。たしかに第1陣として日本にやってきた電気機関車のなかでは自重が一番重く、軸重15tを超えるのはED13形だけであった。しかし、パンタグラフ1個を外してはたしてどのくらい軽くなるのだろうか。気は心といった程度ではなかろうか。集電性能が思わしくないのでこれはすぐ2個に戻っている。

イングリッシュエレクトリック社製の電気機関車はED50～52形を含めてDick Kerr Works（デッカー工

昭和24年のある雨の日、東武の西新井工場を訪ねたらED13 2がいた。当時の東武には国鉄の鋼製客車も入線していた。　　P：吉川文夫

場）で製作されたため、「デッカー機」とも呼ばれていた。これらの機関車は量的には主力を占めていたが、電動発電機の回路遮断時のヒューズ溶断による不具合、主電動機のフラッシュオーバーと遮断器の焼損と、故障の方も主力を占めることになってしまった。特に新製時に高速度遮断器を取り付けていなかったことは致命的で、1926（大正15）年から1928（昭和3）年にかけて日立、芝浦製の高速度遮断器を取り付けるとともに、電気回路の改造が行われ、故障除去の努力がなされた。

ED13 1～2は1949（昭和24）年、装備改造のうえED17形に編入されている。

ＢＢ形電氣機關車

形式稱號　ED—13　番號　ED—131～ED—132　現在輛數　2 輛　製造所　イングリッシュエレクトリック

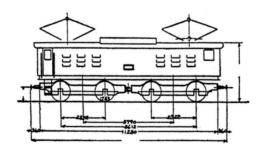

電　氣　方　式	直　流	1500ボルト	運　轉　整　備　重　量　t.	64.23
主　電　動　機	電　壓	675ボルト	動　輪　上　重　量　t.	64.23
	Ｋ　　Ｗ（一時間定格）毎分	210	空　車　ノ　時　ノ　重　量　t.	63.93
	廻　轉　數（〃）	550	最　大　長　幅　高　mm.	12340×2600×4000
	個　數	4	最　大　高（集電裝置降下ノ時）mm.	4035
制　御　方　式	複式電動カム軸式		製　　造　　年	大正13年
制　動　機　種　類	EL,14A空氣制動機			
	手用制動機			
齒　　車	モヅュール	2		
	齒　數	19 及 77		

デッカー機の中でも異端とされているED13
形であるが、まず前照灯がひさしの上ではな
く下にあるのが異端であり、側面、機械室部
分に窓がないのも異端である。Ｐ：荒井文治

昔の電気機関車のパンタグラフは概して大き
い。このED13形のも大きく、1つ外して重量
軽減を図ったというのも、分からないわけで
もない。　　　　　　　Ｐ：国鉄写真

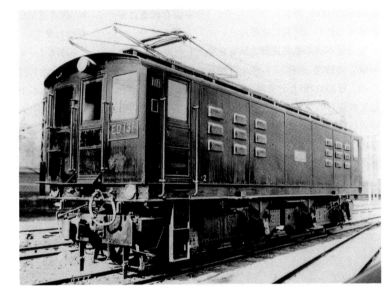

側面機械室部分に窓が開けられた後のED13
形。やはり窓がないと暗かったのであろう。
輸入当初から見ると台車枠の内側にあったブ
レーキシリンダーも外側に移っている。
1937.1.5　国府津
　　　　Ｐ：斉藤醇二(所蔵：荻原二郎)

ED14 (1060)

　僚友ED11形の3年後、1926（大正15）年に配属なっ
たこの機関車は、ED11形が600V／1200V切り替え仕
様であったのに対し1500V専用車として製作されてい
る。車体はED11形に似ているが、台車がアーチキュレー
テッド型なので、連結器は台車枠に付けられている。

　輸入機関車としては第3回目の発注グループ。第2
回目がイギリスに独占されたことに対してアメリカや
スイスは不満の意を表したというが、丹那隧道開通を
ひかえ、東京－沼津間と電化が伸びることになった際
のこの第3回の発注は、ED50～52形デッカー機の扱い
に懲りたのか、あるいは価格の問題か、イギリス勢は
ゼロで、アメリカG.EとW.H、スイスB.B.Cに計14輌が
発注されたのである。一応比較のため単価を示すと、
イギリス製ED50形が144,382円80銭に対してアメリカ
製ED14形は89,590円とかなり安い（日本国有鉄道百年
史第9巻458～459頁による）。

　東海道本線の電気運転は旅客を優先したため、貨物
列車では1928（昭和3）年1月20日から始められたが、
このときED14形と日立製作所製のED15形が牽引機と
して使用されている。ED10、ED11、ED12、ED13の各
形式は600V／1200V用を1500V用に改造工事中であっ
たので、本線牽引用に使用されたのは4ヶ月ほど後で
あった。

　ED14形が鉄道愛好者の間で特に親しまれるように
なったのは、ED19形の後をうけて転属した仙山線作

新旧の顔合わせ。ED14の活躍する仙山線は交流電化の実験線となり、
ED45などの交流機がやってきた。　1960.12.8　作並　P：荻原二郎

並－山寺間での活躍であろう。1955（昭和30）年に交
直接続設備を作並駅に設け、交流電気機関車が試作さ
れ、作並区にED14形とともに配置された姿を多くの人
が訪ね見ている。

　ED14 1～4は1960（昭和35）年から1966（昭和41）
年頃にかけて国鉄を廃車となり、近江鉄道に譲渡され
たが、ED14 3は一時西武鉄道で助っ人として使用され
たこともあった。

　近江鉄道では4輌のED14形をそっくり譲り受けた
ことになったが、改番をされることなく、国鉄時代の
番号のまま貨物列車牽引用に使用された。現在、近江
鉄道の貨物輸送はなくなったために、4輌のED14形の
出番はごく僅かであるが、車籍はそのままである。

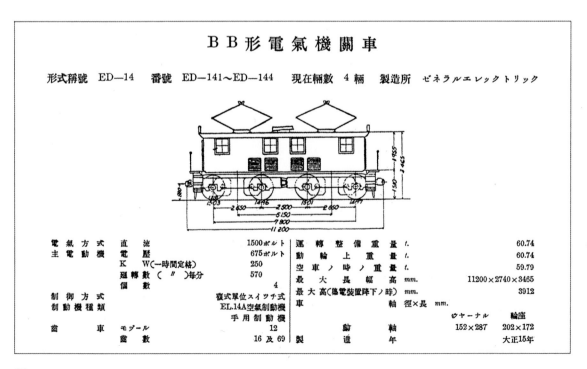

ＢＢ形電氣機關車

形式稱號 ED—14	番號 ED—141～ED—144	現在輌數 4 輌	製造所 ゼネラルエレックトリック

電氣方式	直　流	1500ボルト	運轉整備重量	t.	60.74
主電動機	電　壓	675ボルト	動輪上重量	t.	60.74
	K　W（一時間定格）	250	空車ノ時ノ重量	t.	59.79
	廻轉數（〃）毎分	570	最大長幅高	mm.	11200×2740×3465
	個　數	4	最大高（集電裝置降下ノ時）	mm.	3912
制御方式	複式單位スイッチ式		車	軸徑×長 mm.	
制動機種類	EL.14A空氣制動機				ヂャーナル　　輪座
	手用制動機	12	動　軸		152×287　202×172
齒車	モヂュール	16及69	製造年		大正15年
	齒數				

面白山隧道がある仙山線のED14形は、ご覧のように正面ガラス窓のところに野球のキャッチャーのようなプロテクターが付けられた。台車にはスノープラウもセットされている。
1954.2.24　作並　P：石川一造

ED11形同様、正面窓が拡幅されているが、この車輌では側面の十字の桟の入った窓も改装されている。　1955.8.28　作並　P：吉川文夫

このED14 3は右下のED14 4の写真ともども、前照灯に長いひさしが付けられている。　1955.8.28　作並　P：吉川文夫

夏の暑い日だったのであろうか、ED14 4の機械室の横引きの窓はすっかり開け放たれている。　1951.8.18　作並　P：三宅恒雄

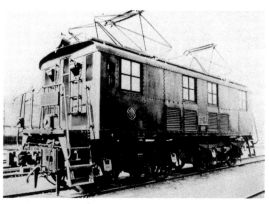

原型のED14 4の写真である。正面の窓は狭く、その横に砂箱があるのはED11形と同じである。　P：国鉄写真

西武鉄道入線時のED14 3。杉田肇氏によれば、ED14 3は仙山線を最後に1960年に廃車となり、近江鉄道が譲り受けたのであるが、大宮工場で整備のうえ、西武鉄道が一時借用して使用していたとのこと（『鉄道ピクトリアル』1992年5月増刊号249頁による）。　　1961.9　上石神井　P：園田正雄

近江鉄道では4輛のED14形を全て譲り受け、国鉄時代の番号のまま石灰石輸送などに使用していた。現在貨物営業はしていないが、廃車されることもなく、工事用、イベント用として在籍している。

2000.1.15　彦根　P：西尾恵介

ED50（1040）／ED51（6000）／ED52（6000）

ED13形の項で記したように、電気部品が日本の空気に合わず、国鉄の技術陣が当初苦労をして対応したイギリス・イングリッシュエレクトリック製の機関車で、機関部分はノースブリティッシュロコモティブ社が製作を担当している。

輸入当初の形式は1040形と6000形で、1928（昭和3）年の改番で1040形はED50形となったが、6000形はED51形とED52形に分けられた。ED51形となった3輛の6000形（6000〜6003）は1923（大正12）年の関東大震災のとき、横浜港で陸揚げ中に海中に落ち、イギリスに送り返して修復されたといわれているが、車体はデッキ付で正面は左右非対象となり、すっかり新製されたものと思われる。そのような理由から、1928（昭和3）年の改番では別形式となった。この3輛は新6000形とも呼ばれていた。ED50〜52形は旅客列車牽引用で歯車比も3以下と小さい。ED50形とED52形は外観上に似ているが、歯車比と内部の機器配置がやや異なっている。イングリッシュエレクトリックとスイス製のED12形とED54形は主幹制御器が電磁単位スイッチでなく電動カム軸形であったのも特徴であるが、イギリス機のカム軸は故障で悩まされた装置の一つでもあった。

ED50〜52形は東海道本線の近郊区間用と横須賀線の旅客列車用に使用されたが、後には一部貨物列車も牽引している。1925（大正14）年12月の電気運転開始時は電気機関車の信頼性が低かったので、電気機関車と蒸気機関車を重連とした「電−蒸運転」で始まった。そして翌年4月から電気機関車の重連「電−電運転」も実施され、5月には電−蒸運転は全てなくなり、8月からは電気機関車の単独運転も始まった。やっと1本立ちしたわけである。

不評の話がいろいろ伝わるED50〜52形であるが、電気機関車として初のお召し列車牽引はED51形、当時の6000形6000・6001が1927（昭和2）年10月20日、この栄誉を担った。このころになると信頼感も持てるようになった証でもあろう。

ED50〜52形は中央線に転じ、順次歯車比を変更してED17、18形に改番されている。

Freight and Local Passenger Locomotive for Japanese Government Railways

アメリカの鉄道雑誌に紹介された1040形。
『ELECTRIC RAILWAY JOURNAL』1923.6.2 917頁より

螺旋連結器にバッファー付時代のED50形の姿である。しからば日本に到着直後の写真か…というと2年ほど後と思われる。それは側面の通風器が当初は3段だったのに通気改善のため4段に増設されているからである。増設分は寸法の関係からであろう、高さ寸法が小さい。　　P：鉄道博物館所蔵

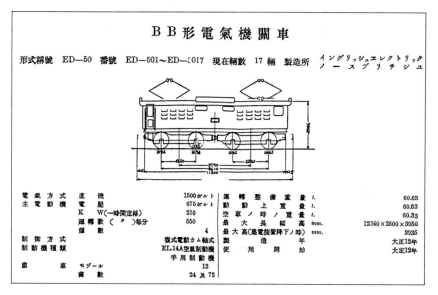

ＢＢ形電氣機關車

形式稱號　ED—50　番號　ED—501〜ED—517　現在輌數　17 輌　製造所　イングリッシュエレクトリック　ノースブリチシュ

電氣方式	直流		1500ボルト	運轉整備重量	t.		60.63
主電動機	電壓		675ボルト	動輪上重量	t.		60.63
	KW(一時間定格)		210	空車ノ時ノ重量	t.		60.33
	週轉數(〃)毎分		550	最大長幅高	mm.		12340×2600×3950
	個數		4	最大高(集電裝置降下ノ時)	mm.		3935
制御方式		複式電動カム軸式		製造年			大正12年
制動機種類		EL.14A空氣制動機		使用開始			大正12年
		手用制動機					
齒車	モヅール		12				
	齒數		24 及 72				

17輌という、当時としては大世帯だった1040形→ED50形は旅客列車牽引用であった。電動機は210kwと、いま見れば新幹線の0系と100系の中間ぐらいの出力であるが、このころとしては大出力機であった。主電動機の電圧を675ボルトとしているは、電車線電圧1500Vの1割減1350Vを定格値とし、電動機は最終的に2個直列なので、1350Vの半分の675Vを定格電圧としたからである。

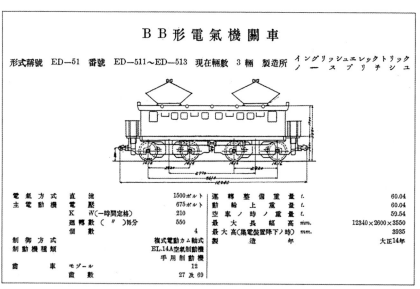

ＢＢ形電氣機關車

形式稱號　ED—51　番號　ED—511〜ED—513　現在輌數　3 輌　製造所　イングリッシュエレックトリック　ノースブリチシュ

電氣方式	直流		1500ボルト	運轉整備重量	t.		60.04
主電動機	電壓		675ボルト	動輪上重量	t.		60.04
	KW(一時間定格)		210	空車ノ時ノ重量	t.		59.54
	週轉數(〃)毎分		550	最大長幅高	mm.		12340×2600×3550
	個數		4	最大高(集電裝置降下ノ時)	mm.		3935
制御方式		複式電動カム軸式		製造年			大正14年
制動機種類		EL.14A空氣制動機					
		手用制動機					
齒車	モヅール		12				
	齒數		27 及 69				

ED51形はデッキ付で、側面の形状は左右で大幅に異なっている。図面は31頁の中の写真の側を表している。反対側は31頁左下の写真のように通風器が一杯並んでいる。

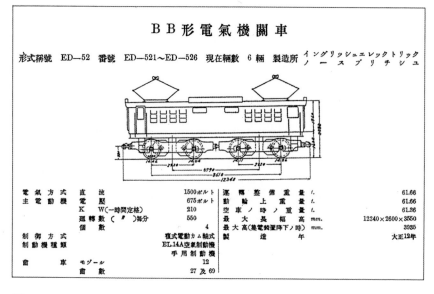

ＢＢ形電氣機關車

形式稱號　ED—52　番號　ED—521〜ED—526　現在輌數　6 輌　製造所　イングリッシュエレックトリック　ノースブリチシュ

電氣方式	直流		1500ボルト	運轉整備重量	t.		61.66
主電動機	電壓		675ボルト	動輪上重量	t.		61.66
	KW(一時間定格)		210	空車ノ時ノ重量	t.		61.36
	週轉數(〃)毎分		550	最大長幅高	mm.		12340×2600×3550
	個數		4	最大高(集電裝置降下ノ時)	mm.		3935
制御方式		複式電動カム軸式		製造年			大正12年
制動機種類		EL.14A空氣制動機					
		手用制動機					
齒車	モヅール		12				
	齒數		27 及 69				

6000形のうちデッキ付はED51形となり、6003〜6008がED52形となった。ED52形は形態はED50形と同じだが、歯車比などが異なっており、機械室の内部機器配列も違っている。

この機関車も細かいところを見るといろいろ手を加えられている。この写真はED50への改番前なので、昭和3年以前であるが、29頁の写真と比較してみると屋根上に車体全長一杯に歩み板が新設されているのが判る。点検に不便なため付けられたものである。
　　　P：鉄道博物館所蔵

ED51形の左右側面の形状の違いを左下の写真と比べて見ていただきたい。抵抗器を置いた側は通風器をずらりと並べており、その反対側はガラス窓を数多くして、通風器は申し訳程度としている。
東京　P：鉄道博物館所蔵

お召し機として整備された6000。第1回目は昭和2年10月20日の海軍大演習のときで、東京から横須賀まで牽引した。　P：鉄道博物館所蔵

ED51形は正面も非対象形で、運転士側は扉が左へ寄った分だけゆったりしたが、逆に助士側は条件が悪くなったようだ。
　　　P：荒井文治

東海道本線丹那隧道が間もなく開通といったときの写真。ED51 2が工事用列車として走っている。　　　　　『鉄道』1934年7月号より複写

複々線化も高架化もされていない時代の杉並区内の中央線を走るED51 3。助士側の正面窓は改善されて、大きな窓となっている。

1941.4.3　高円寺－阿佐ヶ谷　P：星　晃

東京－新橋間の高架線を走る6007。右に見えるのは江戸城（皇居）の外濠で、この当時は水運として利用されていたことが判る。現在は埋め立てられて高速道路と化しており、東海道新幹線も通っている。この濠の先は有楽町駅横、戦後のラジオ放送「君の名は」で有名になった数寄屋橋に続いていた。いま小公園となったところに記念碑も建っている。
『東海道線東京近郊電化写真帖』より複写

1928（昭和3）年のゼ・イングリッシュ・エレクトリック・コムパニー・リミテッドの年賀状。写真は修正が加えられているが、デッキ付のED51形が客車を牽いて走っている姿である。丸の内・有楽町にイングリッシュエレクトリックが事務所を構えていたことが知れる。
所蔵：白土貞夫

組立直後と思われる6000形の写真である。場所は品川、田町付近であろうか。まだ信号機は腕木式が建っている。正面にジャンパ線が付いているが、これは電気暖房用と思われる。東海道線が電化されたので、この区間の専用客車には蒸気暖房の代わりに電気暖房が設備されたのである。
　　P：鉄道博物館所蔵

中央線で暖房車ホヌ6800形（のちのホヌ30形）を連結して発車待ちをしているED521。せっかく電化しても冬季は石炭を焚く暖房車を連結しなければならなかったが、EF56形以降は重油暖房装置を搭載するようになったし、電化が伸びると電気暖房付の客車も増えてきた。　1934.4　新宿
　　P：久保田正一

今は廃止されてしまった中央線の飯田町機関区に佇んでいるED52 5。中央線の旅客列車は電化当初、飯田町始発であったが、昭和8年9月から新宿が始発駅となった。
　　　1933.5.20　飯田町
　　P：久保田正一

ED53 (6010)

ED53形はウエスチングハウス・ボールドウィン製で、ED51形の弟分に当たる機関車であるが、BB型国鉄輸入電機としては唯一先輪付の1B＋B1の車輪配置となっている。

用途は急行旅客用であったが、先輪付で軸重も小さかったためローカル線用として重宝がられることになった。1937（昭和12）年、仙山線作並－山寺間の電化開業に際してはED53形4輌が歯車比を変更してED19形となって配置されたし、残り2輌も身延線に使用され、これもED19形となって最後は6輌とも買収線区飯田線に集結している。

52頁の番号変遷表を見ていただくとED53からED19への改番のとき、ED53 1・2がED19 5・6と一番あとになっているのが判るが、これはこの2輌がED53時代、6000・6001の後を継いでお召し機関車となり、国産機EF53 16・18にバトンタッチするまでの約5年間使用されていて、仙山線向け改造のグループに入らなかったからである。

なかなか均衡のとれたスタイルをしたデッキ付のED53形の電気的な特徴は、兄貴分のEF51形もそうで

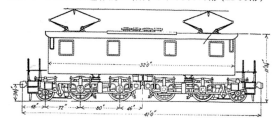

■アメリカの鉄道雑誌に紹介された6010形（ED53形）

『ELECTRIC RAILWAY JOURNAL』1925.9.12 398頁より

あるが、制御電圧が直流32Vとかなり低い電圧であることである。制御電圧は通常100Vが多い。中にはED10・11形のように600Vという、感電したら大変というのもあるが、直流32Vというのはバッテリーと組み合わせて保安度をより向上させるという意図であろう。日本における実施例としては営団地下鉄銀座線の1000形や丸ノ内線の300形がある。

機械室の機器配置を比較してみると中央に通路がある方式、片側にのみ通路のある方式、中央に機器を集中して両側に通路という方式がある。ED53形も含めてアメリカ機は両側通路式で、国産機EF52、ED16形にこの思想は受け継がれている。スタイル的にもED53、EF51形は国産機の手本になっているように思える。

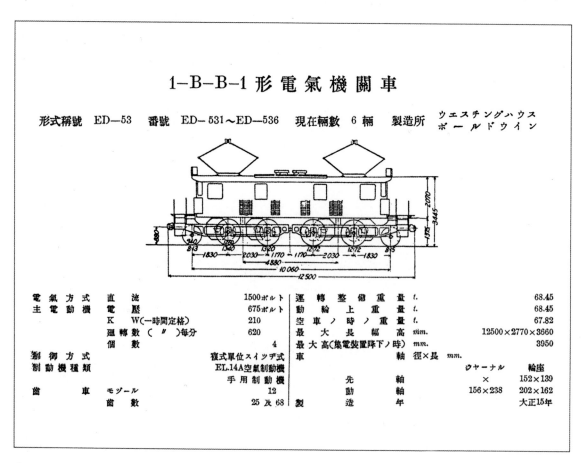

1－B－B－1形電氣機關車

形式稱號　ED－53　番號　ED－531～ED－536　現在輌數　6輌　製造所　ウエスチングハウス　ボールドウィン

電氣方式	直流		1500ボルト	運轉整備重量	t.		68.45
主電動機	電壓		675ボルト	動輪上重量	t.		68.45
	K W（一時間定格）		210	空車ノ時ノ重量	t.		67.82
	廻轉數（〃）毎分		620	最大長幅高	mm.		12500×2770×3660
	個数		4	最大高（集電裝置降下ノ時）	mm.		3950
制御方式			覆式單位スイッヂ式	車軸徑×長	mm.		
制動機種類			EL.14A空氣制動機			ジャーナル	輪座
			手用制動機	先軸		×	152×139
齒車	モヅール		12	動軸		156×238	202×162
	齒数		25及68	製造年			大正15年

お召し機ED53 1＋ED53 2。お召し機は6000形（ED51形）からこのED53形を経て国産のEF53形へと引き継がれ、1953年からEF58形がその任に当たっている。外観上のお化粧は手すりなどのメッキや塗装、真鍮の帯板巻き付け、車輪タイヤ側面の磨きだしなどがある。　　　　　　　　　　　　　　　　　　P：鉄道博物館所蔵

形にほれぼれするような電気機関車には二通りあると思う。一つは武骨で勇ましく、戦国の武将のようなスタイルの機関車。もう一つは男らしさを備えながら、全体的にスマートさの漂うスタイル。ED53形はそのうちの後者の代表格ではなかろうか。

東京　P：国鉄写真

35

東海道線の電化当初、国鉄では各国からの輸入
機の牽引試験をして牽引定数を決めている。
ED53形は性能が良く、旅客列車の牽引定数はデ
ッカ一機の40に対して51と査定されている。
　　　　　　　　　　　　　1937.6　熱海
　P：根本　茂（所蔵：荻原二郎）

先輪が付いたⅠB＋BⅠという車輪配置のED53形は使いやすい電気機関車であったようだ。中央線では夏期の富士山麓電気鉄道（現在の富士急行）富士吉田への直通列車にもこのED53形が使用されたという（杉田肇「中央線の電気機関車」鉄道ピクトリアル1973年7月号41頁による）。
1937.7.16　新宿　P：荻原二郎

ED53形には兄貴分のEF51形2輛がいた。この両者、主電動機は国鉄の形式でMT-19、メーカーG.Eの形式で352-KD-7、205kw（675V）と共通であるし、歯車比も2.67と同じであった。
1933.5.7　東京　P：久保田正一

新宿駅を発車するED53 6。中央線は昭和20年代まで木造客車が使用されていた。写真の列車には荷物車、2・3等合造車が写っているが、これらも木造車である。1931年に甲府まで電化された中央線は、当初は電気機関車の重連運転で万が一の故障に備えていた。この重連運転は当初の1ヶ月余りで取り止めになったが、その後しばらくは浅川、猿橋、勝沼に予備の機関車を待機させていたという（川上幸義『新日本鉄道史』下巻204頁による）。中央線の電気運転は東海道線で経験を積んだ後とは言え、25‰の勾配を有する山岳線なので、それなりの初体験に伴う苦労もあったようだ。例えば急勾配とトンネルの漏水が多いため、空転防止に砂を一杯使う。それが砂ぼこりとなって主電動機に入り故障の原因となったとか、急カーブが多いためフランジの磨耗が甚だしく、6ヶ月検査までの間ももたなかった、とかいったことがあった。
1934.4.15　新宿　P：久保田正一

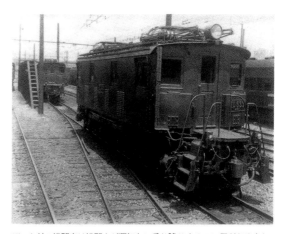

デッキ付の機関車は機関士が運転台に乗り降りするのに便利だろうし、入換作業の時など、旗を持った人がここにぶら下がっているのを見ると、デッキ付は作業しやすいのではないかと思う。EF53形のデッキは正面から見るとかなり小振りである。
P：荒井文治

ED54（7000）

ED54形の側板を外して内部機器が判るようにした状態の写真。
P:B.B.C写真（提供：加山　昭）

　このスイス製の機関車の評価は大きく分かれる。B.B.C（ブラウンボベリー）とS.L.M（スイスロコモティーブ アンド マシンワークス）の合作になる１Ｄ１形機は、モーターの駆動方式が平歯車１段減速の吊り掛け式ではなく、ブーフリ（Buchli）式という独特の伝達機構となっている。B.B.Cのブーフリ式というのはモーターを床上に据え付け、リンクによって車輪に動力が伝えられる方式で、バネ下荷重がこのため少なく、ED54形も乗り心地はとてもよかったという。当時鉄道省に就職し、戦後小田急のSE車開発に力を注いだ山本利三郎さんはED54を回想して「…主電動機を車軸の振動から切り離すといいというヒントが与えられ、昭和26年主電動機をバネ上としたカルダン式電車を日本で初めてやった出発点ともなった」と語っておられる（※1）。

　ブーフリ式はスイスの国鉄では多くの採用例があったが、日本ではあまり高級すぎてというか、機構が複雑すぎて保守をするのがやっかいであることから走行キロも伸びず、1948（昭和23）年に廃車となり、廃車後岡本分工場に廃車蒸気機関車群に混ざって置かれていた。その後、将来の電気機関車設計の参考資料になるという考えから、大宮工場に移され留置されていたが、無念にも解体されてしまった。

　ユニークな設計はその他各所に見られたが、走行部分もその一つであった。通常この機関車の車軸配置は１Ｄ１と表されているが、実際は先輪と次の動輪が一つの台車になっていて、「１A.B.A１」といった表現の方が適切といえる車輪配置なのである。この方式はインドネシアのジャワ島向け機関車に採用したことからジャワボギー式と呼ばれている（※2）。その名前のもとになった電機の写真を見ると、なるほどED54形によく似ている。

※1）山本利三郎　東海道線電化を讃える　日本電気機関車特集集成下巻　190頁　1979（昭和54）年5月31日　鉄道図書刊行会刊による
※2）加山　昭　スイス電機のクラシック5　鉄道ファン1987（昭和62）年8月　78〜79頁

１−D−１形電氣機關車

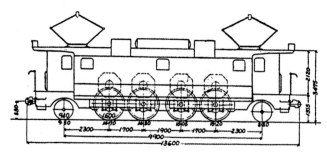

| 形式稱號 ED−54 | 番號 ED−541〜ED−542 | 現在輛数 2 輛 | 製造所 ブラウンボベリースイス機關車製造會社 |

電氣方式	直流	1500ボルト	
主電動機	電壓	675ボルト	
	K W（一時間定格）	385	
	廻轉數（〃）毎分	700	
	個數	4	
制動方式		複式カム軸接觸器式	
制動機種類		EL.14A空氣制動機	
		手用制動機	
齒車	モジュール	12	
	齒數	34 及114	

運轉整備重量	t.	77.75
動輪上重量	t.	59.75
空車ノ時ノ重量	t.	77.39
最大長幅高	mm.	13600×2745×3875
最大高（集電裝置降下ノ時）	mm.	3920
車軸徑×長	mm.	

	ジャーナル	輪座
先軸	140×230	145×155
動軸	190×256	195×155
製造年		大正15年

東京駅の八重洲口側は当初、旅客用の出入口はなく、東京機関庫などの鉄道関連設備が設けられていた。始発駅近くに車庫があるということは便利であるから、そのようにするのは当然であるが、街並の開発につれて車庫はだんだんと遠隔地に移されていく。　　　1936年　東京　P：杵屋栄二

ブーフリ式駆動装置を持っているED54形の側面の形状は左と右では異なっている。写真はED54 2の非駆動歯車側である。メーカーズプレートが付いている側板は保守点検のために分割して外せるようになっており、円形の把手が写真にもいくつか写っている。　　　1935年頃　P：杵屋栄二

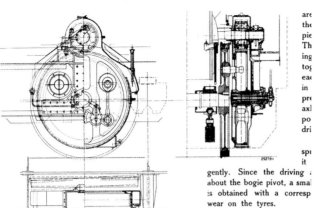

Fig. 19a. — Individual axle drive of the 1 D₀ 1 express locomotive No. 7000 of the Japanese Government Railways.

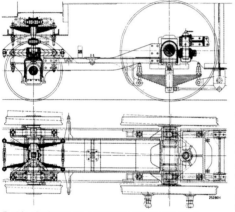

Fig. 19b. — Bogie of the 1 D₀ 1 express locomotive No. 7000 of the Japanese Government Railways.

are
the
pie
Th
ing
tog
eac
in
pre
axl
po
dri

spr
it
gently. Since the driving
about the bogie pivot, a sma
s obtained with a corresp
wear on the tyres.

The driving axles are
Brown Boveri individual axle
gear and flexible connection
and the large gear wheel.
of simple design and compr
rods
per wh
into t
the dr
side
bearin
wheel
ary fr
locom
in the
the S
individual cast-steel
main frame. The sp
of the driving wheel
the locomotive are w
This prevents dust a
ing enclosing the ge
for the coupling pin
and driver. The too
connected with the
springs; the rim is
drically, not spherical
3·34:1. The tooth

ED54形のメーカーズプレートは東京の交通博物館に所蔵保管されている。　　　　　　　　P：吉川文夫

▲ED54形の仲間、インドネシア・ジャワ島の1形。先輪と次の動輪を結んだボギーはS.L.Mが開発したもので、ジャワボギーとして広く使われている。
　　　　　　1964.8　マンガライ　P：鹿島雅美

◀ブラウンボベリー社の技術雑誌『BROWN BOVERI REVIEW』に出ていた7000形（ED54形）の図面。ブーフリ式駆動装置と、ジャワボギーと言われている先輪と次の動輪との機構を示す。　　　　提供：加山　昭

▼歯車装置と動輪。左上の図で示すように減速歯車は車輪の外側に付いている。歯車と車輪とはピンリンクによって連結されていて、偏差を許している。
　　　　　　1938.4　P：臼井茂信

東海道本線の列車に乗って東京から
出発する時は電気機関車牽引、それ
が丹那トンネルを越え沼津に着くと
蒸気機関車と交代、という風景が昭
和24年までかなり長い間続いた。今
でも面影を残す沼津駅の広い構内に
は機関車が一杯たむろしていた。
　　1936年　沼津　P：杵屋栄二

暖房車スヌ6850形（後のスヌ31形）
を従えて新橋駅に停車中のED54 1
である。ED54形の評価は二つに大き
く分かれる。〝さすがスイス生まれの
素晴らしい機関車だ〟〝メカが複雑す
ぎて取り扱いにくい機関車だ〟…の
二つである。たった2輌という少数
派だったことも災いしたようだ。当
初はかなり使用されていたが、段々
と走行距離が短くなってきている。
最終段階では客車の回送専用に使用
されていた。
　　1936年頃　新橋　P：杵屋栄二

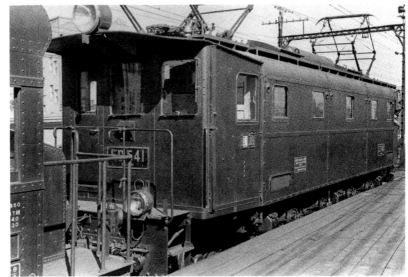

輸入ED形機の中でED54形は1948年
の廃車まで東海道本線を離れること
はなかった。この間、配置庫は国府
津、沼津、東京と変わっている。写真
は国府津所属の時の姿で、運転席の
脇の札差しに「國」の文字が見える。
1933.12.7　品川
　　　　　　　　P：久保田正一

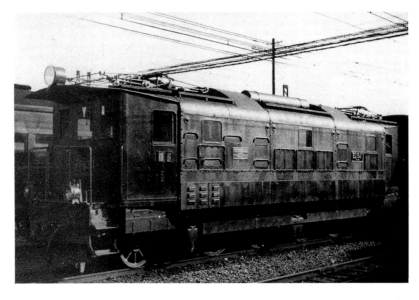

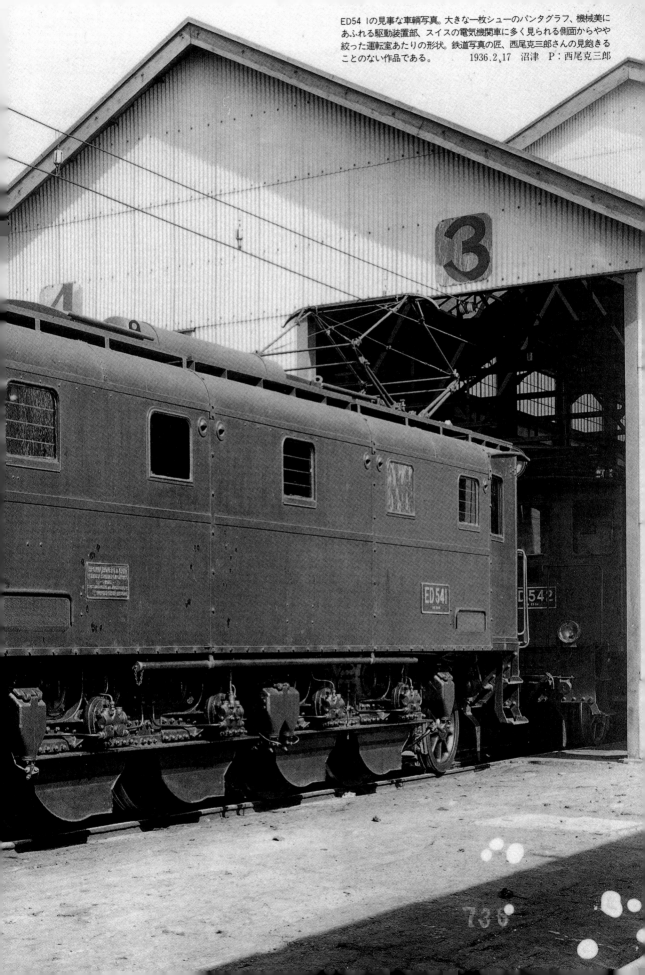

ED54 1の見事な車輌写真。大きな一枚シューのパンタグラフ、機械美に
あふれる駆動装置部、スイスの電気機関車に多く見られる側面からやや
絞った運転室あたりの形状。鉄道写真の匠、西尾克三郎さんの見飽きる
ことのない作品である。　　　　　1936.2.17　沼津　P：西尾克三郎

カムフラージュ、戦時中の用語の一つである。広辞苑を繙くとフランス語とある。解説には「敵の眼を欺く手段、方法。偽装と迷彩がある」などと出ている。このED54 2は敵機の襲撃を避けるためにした迷彩色なのだが、第2次世界大戦の貴重な記録でもある。　1945年　東京　P：長谷川弘和所蔵

ED54形は廃車後も独特な機構を有する機関車として、すぐ解体されることなく保管されている。東京機関区を去ったのちは東北本線の岡本に蒸気機関車などと一緒に置かれていた。ここは大宮工場岡本分工場の跡で、大宮工場の疎開工場であったが、戦後は廃車体置場でもあった（『トワイライトゾ〜ン・マニュアルⅣ』34〜39頁に西尾源太郎氏、石川一造氏の記事があるので参考にしていただきたい）。そして、そのあと大宮工場に移り、DD10形などと共に並べられていたときの姿がこの写真である。
　　　　　　　　　　　　　　　1954.7.28　大宮工場　P：吉川文夫

ED56

　ED56形とED57形は国鉄での製造年は1927（昭和2）年で、東京鉄道局に配属になったのは1928（昭和3）年となっており、4桁数字だけの旧番号は持っていない。ED56形の電気部分はイギリスのメトロポリタンビッカースエレクトリック（M.V）社、機械部分はED54形と同じスイスのS.L.Mと二つの国のメーカーの合作である。輛数はわずか1輛。しかも、国鉄での製造年は1927（昭和2）年となっているが、現車の製造銘板は1923年とかなり差がある。その理由ははっきりしている。というのは、三菱電機が海外の電機メーカーとの技術提携をさぐるなかでM.Vグループも浮かんできて、国鉄電化もあって研究用に電気機関車1輛を発注したというわけである。結局、三菱電機と外国メーカーとの結びつきはウエスチングハウス社に落着する。この電気機関車は国鉄の田町機関庫に留置してあったのを1925（大正14）年に小熊米雄さんが見ておられる（※1）。

　イギリスのメトロポリタンビッカースと言えば艦船の好きな人には聞き捨てならない名前である。合併、新会社設立と社名はいろいろ変わるが、横須賀に保存展示されている戦艦〝三笠〟を作ったのがビッカースである。

　このED56形の最大の特徴はモーターの端子電圧が1500Vで、4コモーター車なのに直列（4コ全て直列接続）、直並列（2コ直列で平列2回路）、並列（4コとも平列）と日本の標準仕様からするとEF級なみの切り替えができることである。この電気機関車の原型となったのは南アフリカ連邦の1E形である。南アフリカ連邦は電車線電圧直流3000Vなので、これを1500V用としてED56形が製作されたものと思われる。マスターコントローラーはハンドルが2つあって、モーター結線の切り替えと抵抗による速度制御用とに分かれていた。1940（昭和15）年貨物用に改造され、ED23形となっている。

※1）小熊米雄　東海道線のED56形　鉄道ファン　1985（昭和60）年11月　88頁

■ED56形機器配置図　作図：荒井文治

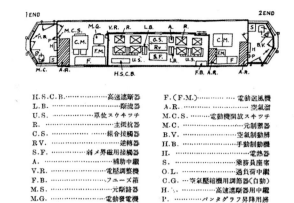

H.S.C.B.…………高速遮断器		F.（F.M.）………電動送風機
L.B.…………………断流器		A.R.………………空氣溜
U.S.…………単位スウキッチ		M.C.S.………電動機開放スイッチ
R.………………主抵抗器		M.C.………………元制禦器
C.S.………………組合接觸器		B.V.………………空氣制動辨
R.V.………………逆轉器		H.B.………………手動制動機
S.F.………弱メ界磁用接觸器		H.………………電熱器
A.………………補助中繼		S.………………乗務員座席
V.R.………………電壓調整器		O.L.………………過負荷中繼
F.B.………………フューズ箱		C.G.…空氣壓縮機用調節器（自動）
M.S.………………元斷路器		H.∴……高速遮斷器用中繼
M.G.………………電動發電器		P.………パンタグラフ昇降用辨
C.M.………………電動空氣壓縮機		

ＢＢ形電氣機關車					
形式稱號　ED—56　　番號　ED—561　　現在輛數　1輛　　製造所、メトロボリタンビッカース					

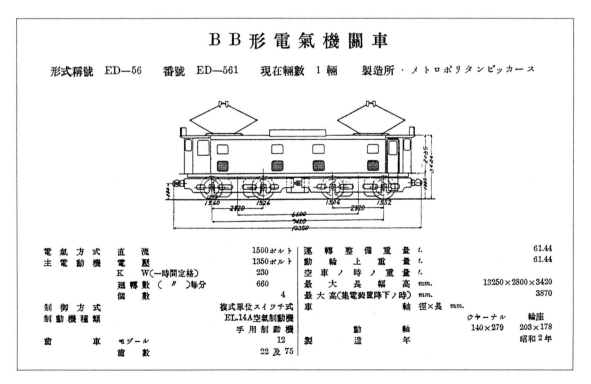

電 氣 方 式	直　　流	1500ボルト	運 轉 整 備 重 量　t.	61.44
主 電 動 機	電　　壓	1350ボルト	動 輪 上 重 量　t.	61.44
	Ｋ　Ｗ（一時間定格）	230	空 車 ノ 時 ノ 重 量　t.	
	廻 轉 數（〃）毎分	660	最 大 長 幅 高　mm.	13250×2800×3420
	個　　數	4	最 大 高（集電装置降下ノ時）	3870
制 御 方 式	複式單位スイッチ式		車　　軸　徑×長　mm.	
制 動 機 種 類	EL14A空氣制動機			シヤーナル　　　輪座
	手用制動機		動　　　軸	140×279　　203×178
齒　　車	モヂュール	12	製　　造　　年	昭和2年
	齒　　數	22及75		

イギリス、スイス合作のED56形は運転室付近などはスイス製のED54形と似ている。この機関車最大の特徴は、主電動機の端子電圧が1500Vということ。日本の一般的な電気車は1500Vのノッチ最終段で電動機は2台が直列となっており、端子電圧は電車線電圧の1/2である。　P：鉄道博物館所蔵

ハンドルが2つ並んだED56形の主幹制御器。左は第1位側のカバーを外した状態、右は第2位側である。　　1934.11.4　P：荒井文治

ED56の兄弟機とも言える南アフリカ連邦の1E形。出力300馬力×4、自重69トン、全長43ft 8 in、ホイルベース9ft 3inである。

中央線で貨物列車を牽くED56 1。ED56形とED57形はどういう理由か判らないが、正面のナンバープレートが通常は右側なのに対して左側に付いている。輸入機関車のナンバープレートの位置は一定してなく、それぞれどこにしようかと考えて付けているようだ。ED14形のデッキの手すりに付いているというのも面白い。1934.6.15　中野　P：久保田正一

ED56形は昭和になってから国鉄に納入されたのであるから螺旋連結器時代はない。しかし、台車枠正面にバッファー取り付け用とも思える丸い穴が二つ開いている。製造年と使用開始年にかなり差があるので、設計当初は螺旋連結器仕様だったのではないかと思うがいかがだろうか。　　P：荒井文治

電気機関車の左右側面は、明らかに異なるED51形のような車輌もあるし、よく見ないと分からないが実は違うという車輌もある。ED56もこのよく見ないと…のうちで、側面窓はそれぞれ4つずつあるが、通風器は片側は4つ、もう片側は2つであることが分かる。
　　P：荒井文治

ED57

ED57形はドイツ生まれで、シーメンスシュケルトとボルジッヒの合作である。ボルジッヒはわが国へ蒸気機関車も納入しており、幹線用２Ｃテンダー機8850形が1911（明治44）年に12輌、関税改正前にということで僅か２ヶ月の納期で納入されている。

ED57形は２輌で、これもED56形と同様、国鉄での製造年は1927（昭和２）年ながら、現車の銘板は1925年である。ED56形と同じように何かいきさつがあるようだが、はっきりしない。

形態は運転室正面の窓がかなり高い位置にあり、側面は運転室窓の手前から前面に向かってゆっくりと絞ってあるのが目立つ。台車のホイルベースはかなり長く3500mmとなっているが、この機関車はメートル法で設計図面が描かれたことは確かのようである。車輪直径も1400mmとかなり大きい。

車内についての特徴はマスターコントローラーのハンドルが丸型であることと、機械室の中央通路式の通路が真っ直ぐでなくやや曲がっていることである。丸型のハンドルを付けたマスターコントローラー（略してマスコンとも呼ばれている）は現在でも欧州の電気機関車によく見られるが、わが国でも古い輸入品の電車用として存在していた。機械室の通路は運転士のスペースを広くとるため、運転室への出入リ部だけ通路をやや曲げている。熱を発生する主抵抗器は車内の両側に配分されているが、その通風用のベンチレーターも丸くなったモニター屋根とともに特徴がある。

ED57形は中央線電化の直後、ED56形とともに東海道線から八王子機関区に転じた。中央線は飯田町－八王子間は平坦、八王子－甲府間は勾配線区なので、平坦区間は東海道線から転用した電機をそのまま使用することになり、ED57形もそれに充当され、列車は八王子で機関車を取り替えていた。歯車比を変更してED24形となったのは1944（昭和19）年のことである。

■ED57形機器配置図　作図：荒井文治

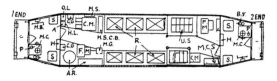

中央通路式であるが、出入口の部分でちょっと曲がっているのが分かる。

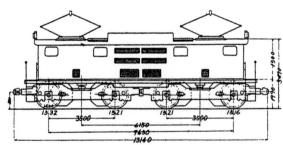

ＢＢ形電氣機關車

形式稱號　ED－57	番號　ED－571～ED－572	現在輌數　2輌	製造所　シーメンスシユッケルト

電氣方式	直　　流	1500ボルト	運轉整備重量　t.		60.90
主電動機	電　　壓	675ボルト	動輪上重量　t.		60-90
	KW（一時間定格）	235	空車ノ時ノ重量　t.		
	廻轉數（〃）毎分		最大長幅高　mm.		13140×2770×3490
	個　　數	4	最大高（集電装置降下ノ時）mm.		4010
制御方式	複式單位スイッチ式		車　軸　徑×長　mm.		
制動機種類	EL.14A空氣制動機			ジヤーナル	輪座
	手用制動機		動　軸	135×250	200×164
歯車	モヅール	12			200×135
	歯　數	21及86	製　　造　　年		昭和2年

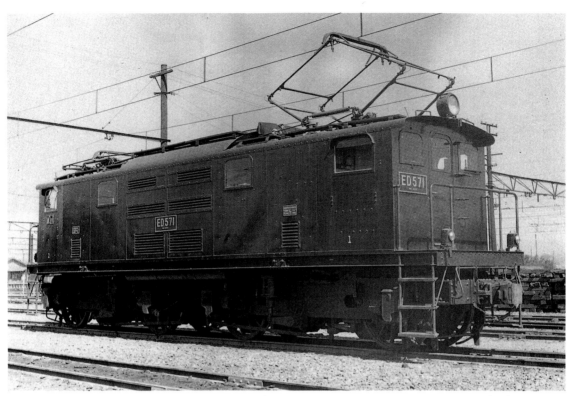

ドイツの名門、シーメンス製の電気機関車であるED57形の車体は、運転室後方あたりから先端に向けてやや細くなっている。このような手法は流線型のEF58形も同じである。

八王子　P：荒井文治

ED57形の台車を見るとブレーキシリンダーが縦位置に計4台付いているのが判る。国産機ではEF53形は横向きであるが、ED16形、EF10形の初期車が縦である。しかし、取り付け場所は台車枠の先端近くなので、ブレーキロッドの構成は異なっている。

1934.6　新宿　P：久保田正一

中央線で活躍中のED57形三題。大きなパンタグラフはPS13形のように斜めの支持材がないのも特徴であろう。
▲(左)1936年頃　吉祥寺
　　　　　　　　P：米本義之
▲(右)P：裏辻三郎
　　　　(所蔵：荻原二郎)

◀1933.10　吉祥寺
　　　　　　P：久保田正一

ED57形の主幹制御器は丸形のハンドルである。丸形ハンドルはヨーロッパの電気車ではよく見られるが、日本にも多少輸入されていたので、電車でも見ることができた。運転する側からみると肘をはらなくてもハンドルが回せるので、運転台の狭い鉱山用電気機関車などには適しているように思われる。
　　　　1934.11.4　P：荒井文治

国鉄輸入電機の形式変遷

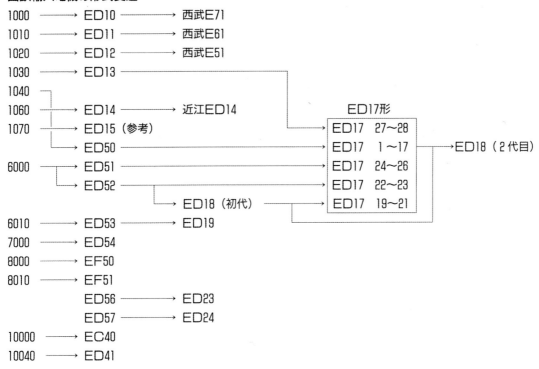

```
1000  ──→ ED10  ──→ 西武E71
1010  ──→ ED11  ──→ 西武E61
1020  ──→ ED12  ──→ 西武E51
1030  ──→ ED13
1040
1060  ──→ ED14  ──→ 近江ED14
1070  ──→ ED15（参考）
        ──→ ED50
6000  ──→ ED51
        ──→ ED52
        ──→ ED18（初代）
6010  ──→ ED53  ──→ ED19
7000  ──→ ED54
8000  ──→ EF50
8010  ──→ EF51
        ED56  ──→ ED23
        ED57  ──→ ED24
10000 ──→ EC40
10040 ──→ ED41
```

```
                        ED17形
            ┌─────────────────────┐
            │ ED17  27～28        │
            │ ED17   1～17        │ ──→ ED18（2代目）
            │ ED17  24～26        │
            │ ED17  22～23        │
            │ ED17  19～21        │
            └─────────────────────┘
```

形式の変遷について

　東海道線電化時の電気機関車の形式、番号は1000〜の4桁の数字が付けられた。アブト式電機は10000代で、蒸気機関車と形式、番号の重複は避けられていたが、東海道線の電機はそうはいかなかった。

　そして、その番号の採り方も当初は1000、1010、1020と小刻みであったが、その後はいっぺんに6000となり、EF51形となった8010形まで6010、7000、8000、8010と大きく区分されている。

　国鉄の蒸気機関車の番号は大正末期にはもう埋め尽くされていた。本来4桁であるべき番号があふれ、8620形なのに頭に1をつけ18620〜としたり、1919（大正8）年に登場した後のC51形は当初、18900形と5桁の形式を付けられていた。

　そして1928（昭和3）年、軸配置をアルファベットで表す今日見られるような方式に改められた。蒸気機関車は原則的に新形式車のみこの方式に改番されたが、電気機関車は全機改番された。そのときの「鉄道省車輌称号規定」を抜粋して示すと次のようになる。

・電気機関車ノ形式記号
　動軸数ガ2、3、4、5、6、7、8ナルニ従イ
　EB、EC、ED、EE、EF、EG、EH
・電気機関車及特殊機関車ノ形式番号
　最大速度　毎時65km以下ノモノ　10〜49
　最大速度　毎時65kmヲ超ユルモノ　50〜99
・機関車ノ番号ハ記号及三位以上ノ数ヨリ成リ其ノ記号第一、第二ノ数字ハ前條ノ形式ヲ表ス記号及数字トシ第三以下ノ数字ハ1ヨリ順次進ムモノトス。

　概略的に言うと旅客用はED50〜、EF50〜と50代、貨物用はED10〜、EF10〜と10代からということになるが、中央線や上越線は勾配区間なので、10代の貨物用機が客貨兼用として使用されている。

　その後、速度の区分が85km/hになったり、交流機は70代、交直両用機は80代となってからは、この規定からも異なって付番されている。

1928（昭和3）年の改番でED54形となった7000形の旧形式時代の写真。

■国鉄輸入電気機関車番号変遷表

	1928年改番	歯車比変更	装備改造による改番	廃車	備考
1000	ED10 1			1959.7	
1001	2			1960.5	→西武E71→保存※1
1010	ED11 1			1960.5	→西武E61→保存※1
1011	2			不明	→浜松工場入換機→保存※2
1020	ED12 1			1948.11	→西武E51→廃車
1021	2			1949.3	→西武E52→保存※1
1030	ED13 1		ED17 27 (1949)	1968.9	
1031	2		28	1968.9	
1040	ED50 1	ED17 1 (1930～31)		1970.11	→保存※3
1041	2	2		1971.8	
1042	3	3		1971.8	
1043	4	4		1970.11	
1044	5	5		1971.8	
1045	6	6		1970.11	
1046	7	7		1971.8	
1047	8	8		1972.7	
1048	9	9		1970.3	
1049	10	10		1972.2	
1050	11	11		1971.12	
1051	12	12		1972.7	
1052	13	13		1971.9	
1053	14	14		1972.7	
1054	15	15		1972.7	
1055	16	16	ED18 2 (1954～55)	1979.3	→浜松工場入換機→保存※4
1056	17	17	1	1976.9	
1060	ED14 1			1965.9	→近江ED14 1
1061	2			1960.3	2
1062	3			1960.3	3
1063	4			1966.2	4
6000	ED51 1	ED17 24 (1943～44)		1970.12	
6001	2	25		1946.1	
6002	3	26		1970.12	
6003	ED52 1	ED17 22 (1943)		1968.9	
6004	2	23		1946.1	
6005	3	ED18 3 (1931～35)	ED18 3 (1953)	1975.9	
6006	4	4	ED17 19 (1950)	1971.8	
6007	5	5	20	1972.7	
6008	6	6	21	1968.9	
6010	ED53 1	ED19 5 (1937～41)		1976.1	
6011	2	6		1976.8	
6012	3	1		1975.9	→保存※5
6013	4	2		1976.3	
6014	5	3		1976.5	
6015	6	4		1975.11	
7000	ED54 1			1948.11	
7001	2			1948.11	
8000	EF50 1			1958.4	
8001	2			1954.2	
8002	3			1957.3	
8003	4			1954.2	
8004	5			1957.3	
8005	6			1957.3	
8006	7			1958.4	
8007	8			1957.3	
8010	EF51 1			1959.9	
8011	2			1959.9	
	ED56 1	ED23 1 (1940)		1960.5	
	ED57 1	ED24 1 (1944)		1960.2	
	2	2		1960.2	

※1：西武鉄道横瀬駅構内保存
※2：1956年～浜松工場入換機→後同工場保管→1991年～佐久間レールパーク保存
※3：甲府市舞鶴城址公園保存→大宮工場保管
※4：1976年～浜松工場入換機→同工場保管→1991年～佐久間レールパーク保存→1992年3月25日車籍復活、動態保存
※5：長野県箕輪町郷土資料館保存
出典：廃車年月は沖田祐作編『三訂版 機関車表（上巻）』を基に作成した。

50番代のED級輸入電機はED54形を除き、改造により10番代に改番された。ウエスチングハウス・ボールドウィン製のED53もED19と名を変えた。

P：星　晃所蔵

電気機関車のメーカーについて

電気機関車の形式図や竣功図表の製造所の項を見ると、電気メーカーと機械メーカーが併記されているのもあるが、電気メーカーしか記載されていない場合もある。電気機関車は電気メーカーに対して発注されることが多いから、電気メーカーだけとなってしまうことがままあるのである。しかし、中には日本で言えば日立製作所のように電気部分と機械部分を一つのメーカーで作ってしまう場合もあるから、必ずしも二つのメーカーが記入されていなければならないというわけでもない。

けれども、例えばEF51形について見れば「ウエ

スチングハウスの電気機関車」とよく言うが、実は我々が写真を見て、その姿を思いながら言っている時は機械メーカーのボールドウィン社の作った車体を見ているわけで、電気メーカーであるウエスチングハウス社のモーターや制御装置を見ているのではないという矛盾が生じる。従って、単なる会話の時はいいとして、文章に書くときは両メーカーを併記して「ウエスチングハウス・ボールドウィン社製のEF51形」と書くようにしたいと思う。

しかし、しかしと言い訳が多くて申し訳ないが、

機械メーカーに機械部分を作らせたにもかかわらず、形式図や竣功図表には電気メーカーの名前しか記載されず、機械メーカーがはっきりしないという例もある。例えば信濃鉄道買収機のED22形の形式図には〝製造所ウエスチングハウス〟としかない。これは現車を調べると銘板にボールドウィンの名があるので解明できるが、銘板もないと究明はなかなか困難である。機械メーカーはわが社の下請け会社だからいちいち名前を出すことはない、という考えもあろう。

直流1500V電化時代の仙山線を往くED17 22。仙山線は1937（昭和12）年に作並ー山寺間が直流電化で開業した。そして、昭和30年代に仙台ー作並間、山寺ー山形間が相次いで電化された。現在は全線交流電化されているが、当時は仙台ー作並間のみが交流で、直流区間の晩年はED17形5輌が牽引機として使用されていた。
1968.8.4　山寺付近　P：寺師新一

EF50 (8000)

　全長21m、輸入機としては唯一の2CC2の大型機である。外観上一番目につくのは、電車でいうところの側梁が魚腹型といってよいのか、大きく膨らんでいて、重量軽減のためか丸い穴が9つ開いていることであろう。1400mmという動輪径とあわせて堂々たる電気機関車である。

　そのEF50形、鱗模様のベンチレーターが示すようにイングリッシュエレクトリック・ノースブリティッシュ製で、ED50〜51形の兄弟機である。電気機関車の核心、主電動機は同じでMT6形、そして歯車比もED51・52形と同じであるが、車輪直径が大きい分だけ定格速度は高くなっている。

　動輪だけでなく先台車にも注目したい。国産のEF52形〜は先台車が内側軸受であるが、EF50形は外側軸受式になっている。従ってこのあたりの主台枠の形状を決めるとき苦心したことが形を見ると判る。

　電気的には6個モーターなのに直並列段がなく、直列からすぐ並列になっているのが特徴である。回路を簡単にしたためという人もいるが、それだけ抵抗器の数は増える。私は制御装置がカム軸式なので、直列、直並列、並列と段数の多いカムシャフトは長すぎて不適当なため、このようにしたのではないかと思う。国鉄退職後に『鉄道ピクトリアル』誌を創刊した田中隆

イギリス北部のグラスゴーにある交通博物館に8000形（EF50形）の模型が展示されている。塗装色は屋根が灰色、車体が茶色で、帯は黒となっている。　　　　　　　　1980.5.29　P：渡辺精一

三さんは東京機関区に在職された経験もあり、「EF50形は先台車の軸箱が外側式だったので給油作業は楽だったが、運転側としてはノッチ数が少ないので、ノッチが進む時のショックがあり、勾配での加速のときなど運転しづらかった」と述べておられる（※1）。

　EF50形は東海道本線に長らく使用され、晩年は高崎線でも使用された。最後の本線仕業は1956（昭和31）年11月18日の急行〈十和田〉で、鉄道友の会の鷹司平通さんから花輪が送られ花道を飾った。

※1）EF50形のことなど　日本電気機関車特集集成〔上〕　23〜24頁
　　　1979（昭和54）年4月20日　鉄道図書刊行会刊

2-C-C-2形電氣機關車

形式稱號	EF—50	番號	EF—501〜EF—508	現在輛數 8輛	製造所	イングリッシュエレクトリック ノースブリチシユ

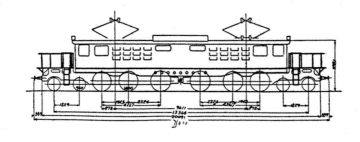

電　氣　方　式	直　　流	1500ボルト	運　轉　整　備　重　量　t.		100.85
主　電　動　機	電　　壓	675ボルト	動　輪　上　重　量　t.		100.50
	KW（一時間定格）	210	空　車　ノ　時　ノ　重　量　t.		
	廻　轉　數（〃）毎分	550	最　大　長　幅　高　mm.		21000×2600×3950
	個　　數	6	最　大　高（集電裝置降下ノ時）mm.		3935
制　御　方　式		複式電動カム軸式	製　　造　　年		大正12年
制　動　機　種　類		EL.14A空氣制動機 手用制動機			
齒　　車	モヅール	12			
	齒　　數	27及69			

蝶旋連結器にバッファー時代の8000形。輸入電機のうち1000〜1040形、6000形（6001〜6003を除く）、8000形は登場時、蝶旋連結器付であったため、1925（大正14）年7月15日、一斉に自動連結器に取り替えした…と『東海道本線電気運転沿革誌』は666頁に記述している。　P：鉄道博物館所蔵

■EF51形モーター結線図

A：基本図

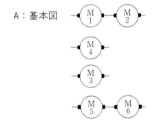

B：組合わせ

■EF50形モーター結線図

A：基本図

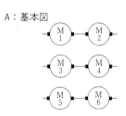

B：組合わせ

イギリスで撮影された製造当初の8000。写真を撮るための特別な化粧だろうか、各部に縁取りがなされて、おめかしをされている。

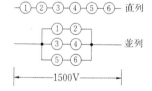

左はグラスゴーのノースブリティッシュロコモーティブ、右はイングリッシュエレクトリック・デッカー工場の銘板。ED50〜52、EF50形が"デッカー機"と呼ばれる由来は、このデッカー（DICK-KERR）工場製だったことによる。
1957.5.26　P：吉川文夫

東京駅構内で入換中のEF50形。全長は21mと大きく、台枠の中央部が魚腹型になっていて、実に堂々たるスタイルをしている。その魚腹台枠には丸い穴が9つ開いている。内部点検のためか、重量軽減のためか、それは設計したイギリス人に聞いてみないと判らない。　1937年　東京　P：杵屋栄二

モニター屋根の鋼製客車を従えて横浜付近を走るEF50 8。横浜駅はその位置を三度移転しているが、関東大震災後の復旧時に現在の位置に落ちつき、1928（昭和3）年に完成した。写真はそれからしばらくしてからの横浜駅構内で、右側が港である。　　　　　　　　　　　1937年　横浜　P：杵屋栄二

▲架線柱に「こ.ふ.づ」と旧仮名使いの駅名標が取り付けている。東海道本線の丹那トンネル開通以前は箱根越えのため現在の御殿場線が本線で、ここから蒸気機関車牽引で大阪、神戸へと向かっていた。そのため国府津で電機と蒸機の付け替えが行われていた。

　　　　　　　1934年頃　国府津　P：杵屋栄二

▶現在の東京都大田区、大森－蒲田間を走る熱海行き旅客列車。丹那トンネル開通後であるが、東海道本線の近距離旅客列車は湘南電車80系登場までは電車化されず、客車列車であった。　　　1939.7.2　大森－蒲田　P：星　晃

▶品川駅に停車中のEF50 I。機関車牽引の時、運転士と助士は側面の窓から身を乗り出して、後部の客貨車に異常がないか、よく確認していた。そのためだろう、運転席の側面窓にかなり大きい雨よけのひさしが付けられている。

　　　　　　　1934.7.11　品川　P：久保田正一

交通事情が極端に悪かった終戦直後、電機のデッキは乗客にとってかっこうの乗車スペースであった。夏は涼しかろうが、冬場はつらい。〝買い出し〟という言葉は死語に近いが、この時代の人間にとっては思い出深い言葉でもある。EF50 4牽引の上り714レ。　　1946.8.12　大船　P：浦原利穂

流線型のEF58とEF50 8の珍しい新旧の重連。EF50形は1954（昭和29）年から廃車が始まり、最後は1958（昭和33）年であったから、この写真は最後期の活躍する姿といえよう。
1957.10.3　田町付近　P：桝江耕二

東京駅で客車を連結したまま
一休みしているEF50 1。外側
軸受式の先台車と主台枠の形
状との関連を見ると、設計の
苦心の跡がよく判る写真であ
る。国産機ではEF52、EF53形
は先台車を内側軸受式として
処理し、EF56形の途中から台
車枠を上方へ逃がした外側軸
受式としている。
1955.8.18　東京
　　　　　P：巴川享則

東京機関区にたたずむEF50
8。東京駅構内にあった東京機
関区は田町－品川間に移転し
たが、区の名称は変わらなか
った。現在も電車の車窓から
建物や車輌は眺められるが、
機関車の所属は田端運転所と
なっている。
　　1950.7.22　P：三宅恒雄

EF50は東海道本線、そして高
崎線の電化後は一部が高崎線
でも使用されていたが、
1952（昭和27）年に八王子機
関区を訪問した時、片隅に
EF50 6がいたのにはちょっ
と驚いた。
1952.8.1　八王子機関区
　　　　　P：吉川文夫

堂々のEF50 2の勇姿である。後方に進駐軍が持ってきたDD12形が顔を
出している。57頁の8000形（EF50形）輸入当時の姿と比較してみると、
側面の通風器が一列増設されて4列になっているのが判る。この改造は
ED級のデッカー機の一部にも施工されている。

1950.1.15　東京機関区　P：臼井茂信

1952 (昭和27) 年 4 月、高崎線上野－高崎間が電化された。この時、EF53形などと共に東海道本線からEF50形の一部が高崎第二機関区に転属した。写真は電化した年の冬、暖房車を連結して高崎駅を出発するEF50 7。横には木造客車の姿も見える。　　　　　　　　　1952.11.23　高崎　P：石川一造

前頁より約 3 年後のEF50 2。ペンキ書きだった形式番号もプレートとなった。高崎には高崎第一機関区と高崎第二機関区があった。〝高一〟は蒸気機関車が主体で、気動車も配置されていた。〝高二〟は電気機関車で、EF12形やEF55形などがいた。　　1952.11.23　高崎第二機関区　P：石川一造

▲山手線沿線の手頃な撮影場所として上野ー日暮里間、特に鴬谷のホームからのアングルがある。この写真もそう。EF50が窓を一斉に開けた、いやドアまで開放した客車を牽く、ある夏の風景である。

1952.9.23　鴬谷　P：石川一造

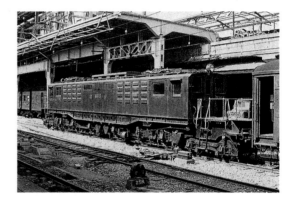

▶手荷物、小荷物輸送が盛んに行われていたころの上野、東京駅は荷物車で賑わっていた。小荷物専用車も走っていたくらいだから…。その小荷物列車を牽いてEF50 5がやってきた。

1954.4.3　上野　P：江本廣一

EF50形の本線牽引最後の日。急行〈十和田〉を牽いて上野駅を東京駅に向けて発車するEF50 7。デッキには鉄道友の会から送られた花輪が飾られた。

1956.11.18　上野　P：吉川文夫

EF51（8010）

　1BB1のED53形（後のED19形）とよく似たEF51形は、日本の旅客用電気機関車としては唯一1CC1という軸配置を持ったF級機で、大きさからいうと自重約85tと、軍艦に例えれば軽量戦艦というところであろう。しかし、均整のとれたスタイルは見事であったし、ウエスチングハウス・ボールドウィン製のこの機関車が国産標準設計機の大きな参考資料となったことはいうまでもない。輌数が2輌とEF50形の8輌に比べ少なかったが、信頼性があり、軸重も軽いということからか、居場所を転々とするはめになっている。東海道本線から上越線、また東京に戻ったあと、私鉄時代の阪和線（当時は阪和電気鉄道）に貸し出され、国鉄へ直通する天王寺−白浜間の〈黒潮〉の牽引に使用されたこともあった。戦後、国鉄買収となった阪和線へまた入り鳳電車区に転属、最後は南武線の貨物機として使用されていた。

　勾配区間の上越線で使用されるときは、軸重が軽いので降雪時の心配もあって、死重として機械室の両側にレールを積んで軸重を増加させたという（※1）。しかし、この死重も上越線を離れるとき撤去している。

　主電動機はED53形と同じMT19形で、制御器は

■アメリカの雑誌に紹介されたEF51（8010）

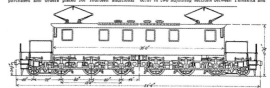

『ELECTRIC RAILWAY JOURNAL』1925.9.12　398頁より

EF50形とは異なり単位スイッチ式、高速度遮断器も当初より備えており、主電動機の組み合わせも直列、直並列、並列であった。

　このF級機関車は3軸（C型）の動輪を1つの台車にまとめている。EF58形までこの思想は続くが、EF51形のみは各軸間の距離が2030mmと全て同一である。これは図面を見ていただくと判るように、吊り掛け式駆動装置においてモーターの向きが全て揃っているからで、国鉄のその他のF級機は第1動輪と第2動輪の距離が短く、この点だけはEF50形と同じ配列となっている。

※1）原　勝司　国鉄電気機関車発達史II　上越線の電機運転　電気車の科学　1960（昭和35）年4月　28頁による

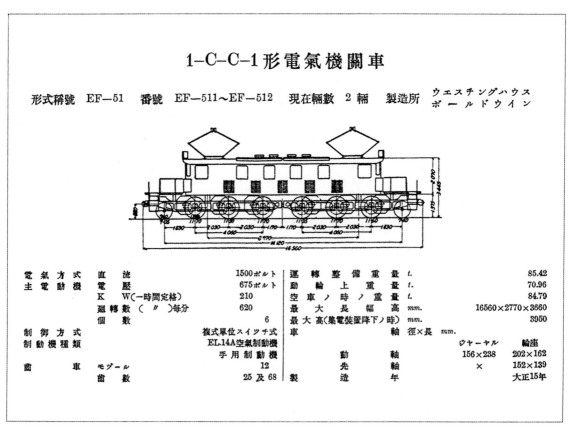

1-C-C-1形電氣機關車

形式稱號　EF-51	番號　EF-511〜EF-512	現在輌數　2輌	製造所　ウエスチングハウス　ボールドウイン

電氣方式	直流	1500ボルト		運轉整備重量		t.	85.42
主電動機	電壓	675ボルト		動輪上重量		t.	70.96
	KW（一時間定格）	210		空車ノ時ノ重量		t.	84.79
	廻轉數（〃）毎分	620		最大長幅高		mm.	16560×2770×3660
	個数	6		最大高（集電装置降下ノ時）			3950
制御方式		複式單位スイッチ式		車　軸　徑×長		mm.	
制動機種類		EL.14A空氣制動機				ジャーナル	輪座
		手用制動機		動　軸		156×238	202×162
齒車	モヅール	12		先　軸		×	152×139
	齒數	25及68		製　造　年			大正15年

清水隧道とループを有する上越線水上ー石打間は1931（昭和6）年に電化開業した。この時、国産のED16形が配置されたが、冬季のスキー臨時列車に備えて国府津からEF51形2輌も加わり、雪国での生活が一時期続いた。　　　　　　　　　　　　　　　　1936.8.14　水上　P：西尾克三郎

東海道本線時代のEF511。輸入のEF級機はEF50形とこのEF51形の2形式しかない。EF51形は全長16.5mと、EF級機としてはやや小柄で、自重も90トンに満たない。ちなみに国鉄（JR）のEF級電機はだいたい100トン前後である。　　　　　　　　　　　　　　　　1937年　新橋　P：杵屋栄二

上越線から東海道線に戻ってきた時の
EF51 1。上越線時代の写真と比べると
なんとなく正面がのっぺりしている印
象を受けるが、これは正面の窓下にあ
った砂箱がなくなってしまったせいか
も知れない。
1950.7.21　国府津　P：三宅恒雄

阪和線で旅客列車を牽くEF51。脇には
鳳電車区のモハ63形が停まっている。
紀勢西線への直通列車牽引用として
EF51形は阪和線で大活躍した。歯車比
などから考えても、山線である上越線
より阪和線の方が働きやすかったので
はないだろうか。
　1949.2.9　鳳付近　P：浦原利穂

EF51形の最後の職場は買収線区南武線での貨物列車牽引用であった。南武線は青梅線からの石灰石関係の貨物のほか、中央線、そして浜川崎方面から新鶴見操車場へ流入する貨物がかなりあった。
1953.11.29　西国立支区
P：石川一造

名機EF51形も年を経て、車体にかなりひずみが目立つようになってきた。このころの西国立支区はED16、ED34、ED36など色々な形式の機関車が配置されていた。この2号機は正面の砂箱が残っている点に注意。
1957.12.1　西国立支区
P：江本廣一

1軸先台車という共通点があることが大きいが、ED53形（ED19形）とEF51形はよく似ている兄弟機で、デッカー機といわれるED50〜52形（ED17・18形）とEF50形の組み合わせよりは一見して兄弟と判るスタイルである。
1955.9.25　西国立　P：石川一造

ED17

イングリッシュエレクトリック社の電気品を装備したデッカー機が当初各種の故障に悩まされていたことはED50〜52形のところで記した通りである。しかし、中央線用として歯車比を大きくして転用、形式もED17形と改めたあと、機器を順次国産品に交換した結果、戦災で焼失した2輌（ED17 23・25）が1946（昭和21）年に廃車となったほかは、概ね昭和40年代中頃まで使用された。

輌数が多いという多数派の強みもあったのだろうが、問題児も心身ともに健全になって社会に尽くした…と言ってよいだろう。苦々しい思い出はかえって懐かしがられるようだ。「デッカーの思い出」を語っている人の多いのもそのためと私は思う。

1928（昭和3）年の国鉄称号規定では最大速度毎時65kmを境とし、それ以下のものは10〜49という形式とすることになっていたから、ED50〜52形の歯車比を変更したことによりED17〜18と改番が伴った。

この改番はちょっとややこしい。最初はED50・51形がED17形、ED52形がED18形と改番されたが、戦時中に改造されたED52形2輌はED17形とされた。

そしてED18形となった旧ED52形のうちの3輌はED13形とともに1949〜1950（昭和24〜25）年の装備改

ED50形からの改造直後と思われるED17 16。　　P：星　晃所蔵

造で制御装置をはじめ各部を国産品に交換されたときED17形に統合されている。個々の改番については番号変遷表（52頁）をご覧いただきたい。

前述の装備改造は電化当時保守陣を悩ませたカム軸式制御器を単位スイッチ式に変更したのをはじめ、主電動機も巻替え、形式をMT6形からMT6A形に変更、とデッカーの銘板は付いているものの機械部分に残るだけといってもいい内容となってしまった。

しかし、外見はイギリス生まれの姿を保っていたので、外からはパンタグラフ位しか変容ぶりは判らなかった。中央線から身延線、仙山線、飯田線、デッキ付のED17 24・26は横須賀線と、その活躍する姿を見た人は多いだろう。

阪和線の車輌事情が悪化し、電機が電車をトレーラーとして牽引、東和歌山行き急行として走った時の貴重なスナップ。撮影された浦原さんのメモによると、編成はED17 12＋702＋7007＋7002＋302で、302は電源確保のためパンタグラフを上げていたという。　1946.5.27　天王寺　P：浦原利穂

ED17形はED50、51、52、18、13からの改番車を集めて最終的にはED17 1〜17・19〜28と27輌を数え、輸入電機の中では最大勢力となった。主流となったのは1040形からED50形を経てED17 1〜17となった17輌のグループである。 1969.4.12 東花輪 P：笹本健次

廃車後、甲府の城跡に保存展示されていた当時のED17 1の銘板。左側はオリジナルから改装メーカーの〝東芝 昭和25年改造〟に変更されている。 1987.8.9 P：吉川文夫

ED17 24の銘板。右側のイングリッシュエレクトリック社の銘板の円周上に記されている〝QUEENS HOUSE KINGSWAY LONDON〟という地名がいい。 1963.12.1 P：吉川文夫

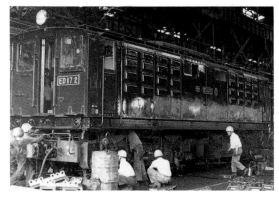

国鉄大宮工場で検修中のED17 2。この車輌は輸入してすぐの改造で通風器が増設されたなかの1輌で、通風器が4列となっている。 1966.8 大宮工場 P：巴川享則

ED17 4の屋根回り。電機は電気機器を車内に搭載するため、機器の発熱に対する通風、冷却にいろいろ工夫を凝らしている。モニター屋根と称する小さな屋根もその一つ。 1969.8.24 甲府 P：吉川文夫

ED17形は晩年、身延線、飯田線といった私鉄からの買収線区で活躍していた。身延線に入った国鉄の電車は限界の関係でパンタグラフの高さを抑えた低
屋根改造車が多かったが、電機については形態上の変化は見られなかった。 1965.4.25 身延 P：諸河 久

ED17 7は通風器の形状が大きく改造されている異端機である。雨が車内に侵入しにくく、風は抵抗なく入るというのが通風器の理想なのだが、相反する
事項でもあるので、決定版は難しい。砂漠地帯の機関車は砂の侵入防止も重要とか聞く。 1965.4.25 身延 P：諸河 久

身延線の電機は甲府機関区の
所属であった。1969年現在の
甲府機関区にはED17形のほ
か、ED61、EF13、EF64形が
配置となっていた。
1970.1.29　甲府
　　　　　Ｐ：諸河　久

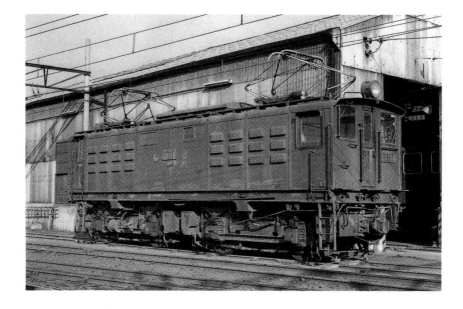

飯田線のED17形は軸重の関
係で南の地区で使用され、豊
橋機関区に属していた。以前
の姿に比べると前照灯が250
Ｗと明るくなったため、灯具
も大型化されている。
1963.5.14　豊橋機関区
　　　　　Ｐ：浦原利穂

豊橋から貨物列車を牽いて北
上してきたED17は中部天竜
でED18やED19にバトンタッ
チして、また代わりの貨車を
牽いて豊橋に戻るというのが
当時の一般的な行路であった。
中央本線時代にED17 4と
ED17 15は一時期重連運転可
能な装備を設けたが、長続き
はしなかった。
1970.4.29　中部天竜
　　　　　Ｐ：諸河　久

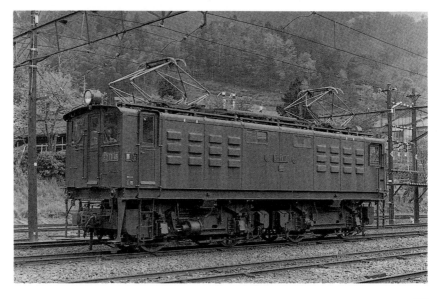

身延線で最後の日々を送った〝デッカー〟たち。晩年の姿とは言え、その風格は見る者に衰えを感じさせなかった。機関車運用の要衝であった甲府機関区も、今はない。　1971.3.6　甲府機関区　P：笹本健次

八王子区所属のED17 19が
山手線大崎にやってきた。
いまこの辺りは埼京線の
205系が恵比寿まで客扱い
をしてきたあと、回送で走
って来て折り返している。
1962.5.10　大崎
　　　　P：荻原二郎

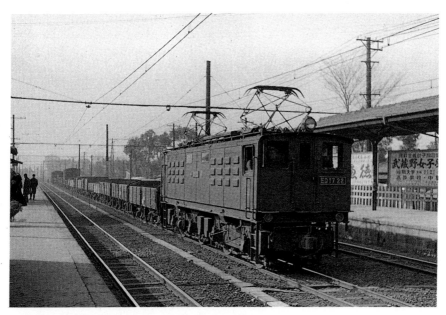

中央本線時代のED17が武
蔵境の中線で一休みしてい
るところ。このED17 22は
ED52 1からの改造機で、さ
らに1950（昭和25）年に東
芝が改装工事を行っている。
1952.1.21
　　　武蔵境　P：石川一造

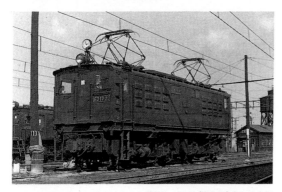

ED18 6を経てED17 21となったこの電機は、1950（昭和25）年に日立製
作所で改装工事をされている。ナンバープレートの下にあるのがその日
立の銘板である。　　　　　1962.3.25　八王子機関区　P：吉川文夫

今は高架線になっている中央本線吉祥寺駅に停車中のED17 20。ワム、
ワといった貨車がずらりとつながっている。
　　　　　　　　　　　　　1959.10.30　吉祥寺　P：吉川文夫

ED51形から改造されたED17 24。輸入当時の6000号で、電機初のお召し
列車牽引機である。　　　　　　　1959.5.7　甲府機関区　P：宮田雄作

左の写真の反対側。両側面は左右非対象で、こちら側は抵抗器のない側
なので通風器が少ない。　1950.7.22　八王子機関区　P：三宅恒雄

横須賀駅から出荷される自動車を積んで大船駅に着いたED17 26牽引
の横須賀線貨物列車。　　　　　　1967.6.11　大船　P：吉川文夫

3輌のデッキ付ED17形は戦災で1輌廃車、残り2輌は晩年、横須賀線貨
物用となった。ED17 24。　　　1963.6.23　鎌倉付近　P：吉川文夫

横須賀などで入換用に使用されていたDD11形ディーゼル機関車を連結して走るED17形。線路の向こうに並んでいる貨物自動車は池子の米軍基地のもの
である。　　　　　　　　　　　　　　　　　　　　　　　　　　1960年　逗子付近　P：桝江耕二

▲鳳電車区から鷹取工場へ回送される途中、淀川電車区に留置されていたときのED17 26。戦時中の金属回収でナンバープレートを剥がされ、ペンキ書きのナンバーとなっているし、その位置も変わっている。
　　　　　　　　　　　1946.5.27　淀川電車区　P：浦原利穂
◀ED17 26の面構え。　　　　　1969.1.19　横須賀　P：諸河　久

横須賀で発車待ちのED17 26。横須賀は戦前は海軍、戦後は進駐軍や自動車会社からの貨物があったため、構内は賑わっていたし、入れ換え用の機関車がいた時期もあった。
　　　　　　　　　　　　　　　　　　1969.1.19　横須賀　P：諸河　久

ED13形改造のED17形は機械室部分に窓がないのが特徴。写真は中央本線をEF10形と重連で走っているED17 27の姿。
1954.1.3　大久保付近　P：石川一造

八王子機関区におけるED17 27。機械室部分に窓がないので、車内は薄暗かったのではないだろうか。　　　　1950.7.22　P：三宅恒雄

ED17 28もED13形からの改造であるが、側面機械室部分に窓が付けられていた。　　　　1950.7.22　八王子機関区　P：三宅恒雄

仙山線時代のED17 28。ED13改造機が他のED17形より屋根のカーブが深いことが判る。　　　1968.8.4　奥新川　P：寺師新一

ED13形からの改造の異色車ED17 27・28は中央線から仙山線にED14形の後釜として転じている。　1951.1.13　武蔵境　P：江本廣一

ED18

ED18形は初代と2代目とがある。元はいずれもED50、ED52形デッカー機である。

初代ED18形はED52形を中央線用に転用、歯車比を2.56から4.33に変更したときに誕生した。ED50形と一緒にED17形とならなかったのは機器配置などに多少差があったからであろうと推定する。

ED52 3～6がED18 3～6となり、ED52 1～2の予定番号ED18 1・2は空けておいたが、ED52 1～2はED18形にならず、直接ED17 22・23となってしまった。

そして1950（昭和25）年、ED18 4～6もED17 19～21となり、入れ代わるように2代目ED18形としてA1A＋A1Aという軸配置の3輌のED18形が登場した。ED17形から改造した2輌とED18 3を改造した1輌で、買収線区で軸重の低いところに使用するため、動力軸の中間に従軸を1軸入れたものであった。1954～1955（昭和29～30）年に浜松工場で改造された（改造年は現車銘板による。形式図での改造初年度は1953／昭和28年度である）。

改造の結果、ED17形より自重は増えたが、車軸数も増えたので、動輪の軸重は13tを切って12.9tとなり、従輪が7.13tと荷重を一部分担している。

ED18形は飯田線の中部天竜以北でED19形と共に使用されていたが、ED19形ともども年代が経って部品の

ED18 1の従軸。動力軸はゴム板併用の重ね板バネであるが、従軸はオールコイルバネとなった。　　　　1974.3.24　P：吉川文夫

補給も難しくなり、代わりにED61形の中間に1軸台車を追加して軸重を軽減したED62形が投入され、姿を消した。

軸重軽減のための従台車（遊輪）の付け方は色々あって興味がわく。ED18形はA1A＋A1A、ED62形はB－1－B、このほかDD51形のB－2－Bもあるし、蒸気機関車では1D1のD52形を改造して1D2としたD62形なども見られた。

ED18 2は廃車されたあと浜松工場の構内入れ換え機として使用されていたが、1992（平成4）年に車籍を復活、飯田線のトロッコ列車牽引機として観光に一役買っている。台車も変わり、電気機器も大半が変わっているとは言え、輸入機健在はうれしい。

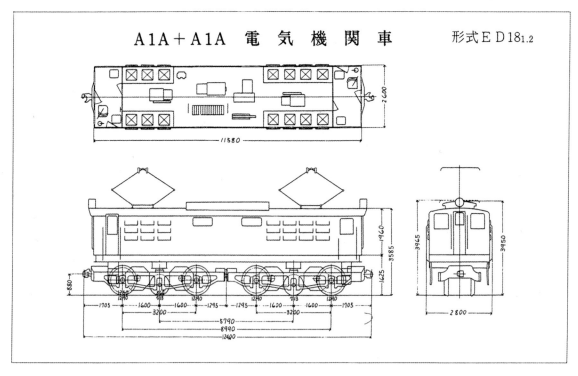

A1A＋A1A 電気機関車　　　　形式ＥＤ18₁.₂

ED52形は当初ED17形とならず、ED18形と別形式となった。しかし、6輌あったED52形のうち2輌はED18形とはならずじまいであったため、初代のED18
形は1と2が欠番で、ED18 3〜6の4輌の世帯であった。　　　　　　　　　　　　　　　　　　　　　　　　　1934.11　新宿　P：久保田正一

昭和10〜20年代の中央本線の電機は国産のED16形を含めてED級が主力を占めていた。ED18形も長らく中央本線で使用されたが、1950（昭和25）年に
3輌がED17形になり、ED18 3のみ改番されることなくAIA＋AIAの軸配置に改造された。　　　　　　　　　　　　1935.5.24　中野　P：久保田正一

▲2代目ED18形のED18 3とED18 2が重連で走る飯田線の風景である。AIA＋AIAの軸配置に改造された2代目ED18形は台車が新製された。しかし、その台車枠は古めかしい形をしていたので、車体にマッチしていた。
1974.3.24　伊那松島付近
　　　　　　P：吉川文夫

◀2代目ED18形は飯田線中部天竜支区に入る前、一時南武線で使用されたことがあった。ED18 1。
1959.2.22　府中本町
　　　　　　P：荻原二郎

ED18 1の銘板。オリジナルの銘板の位置も移され、その下に浜松工場昭和29年改造の楕円銘板が付いている。　　1974.3.27　P：吉川文夫

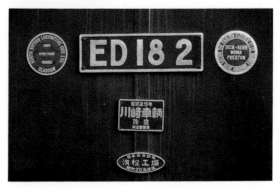

ED18 2の銘板は1950（昭和25）年、ED17形当時に装備改造した川崎車輌のものも付いている。　　　　1993.10.31　P：吉川文夫

中部天竜支区におけるED18 1。飯田線中部天竜支区は1969年3月現在、ED18形3輌とED19形・ED21形各1輌の計5輌と、クモハ14形など電車11輌という配置輌数であった。

1968.6.2　中部天竜支区　P：諸河　久

現在、飯田線のトロッコ列車牽引機として活躍しているED18 2。1923（大正12）年製という古典機が運転されているということは賞讃されてよいだろう。トロッコ列車の終点、中部天竜駅構内には佐久間レールパークがあり、輸入電機ED11 2も展示されている。　1992.4.14　豊橋運輸区　P：RM

ED19

東北線に属する仙山線の作並−山寺間は面白山トンネルが介在するため、1937（昭和12）年11月10日当初より電気運転で開業している。電化区間は単線で約20km、ここに電気機関車としてED53形を改造したED19形が4輌配置されている。

ED19形への改造の主な箇所は歯車比の変更、雪国を走るので雪が通風穴から進入するのを防止するための鎧窓の変更、スノウブラウ（雪掻き器）の取り付けなどであった。ED53形6輌のうち、お召し機だったED531〜2のED19形への改造は1941（昭和16）年と後回しとなり、改造後は身延線に配置されている。

実はここに珍しい写真が1枚ある。仙山線のED19形

ED19形の銘板はボールドウィンとウエスチングハウスの2社が1枚の銘板のなかに収まっている。ED19 6。　1974.3.24　P：吉川文夫

が次位にロッドを外した蒸気機関車を連結し、その後に客車を従えた姿である。この蒸気機関車は東海道本線電化当初の電蒸運転とは異なり、動力車としてではなく、客車に暖房用の蒸気（スチーム）を送るために連結されているのである。電気機関車という動力車の登場は併せて暖房車というお客は乗せない客車を誕生させている。仙山線のこの蒸気機関車は暖房車の代用としての蒸気機関車なのである。

ED19形は晩年、軸重の軽さが尊重されて飯田線に集結していた。中にはED19 2のように制御電圧を32Vから100Vとして国産機器に装備を改めた車輌もあった。

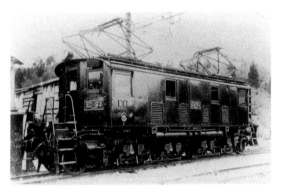

ED19形の改造直後の姿。仙山線向けに改造されたED19形はED53形時代と鎧窓の形状が大きく変わっている。　　作並　P：星　晃所蔵

ED19 2の次に暖房車代用として蒸気機関車870形を連結した電化初期の仙山線の旅客列車。仙山線は電化開業時にED19形4輌が配置された。

P：星　晃所蔵

南武線時代のED19形。ED14形と交代した仙山線のED19形は、南武線、飯田線に転じ、最後は飯田線に集結する。
1955.9.25　西国立支区
　　　　　　P：石川一造

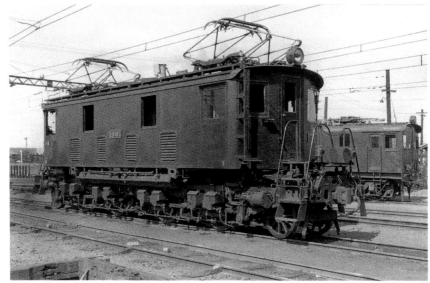

上の写真は2エンド側からの姿であったが、こちらは1エンド側からの姿。屋根に登るハシゴはこちら側に付いている。ハシゴの下に1エンドを示す1という数字が記入されている。
1955.9.25　西国立支区
　　　　　　P：石川一造

身延線のED19形。お召し機だった2輌のED53形は甲府区に転じたあとED19形に改造された。
1940.4.1　身延
　　　　　　P：荻原二郎

飯田線の撮影名所を行くED19 1。この頁では飯田線で最後の活躍をしていた頃のED19 1〜6の各車をご覧いただこう。
1970.1.30　宮田−大田切
P：諸河　久

伊那電気鉄道以来の飯田線北部の要衝、伊那松島駅に停車中のED19 2。この電機は装備改造をうけ制御電圧を100Vに改造されている。
1974.3.24　伊那松島
P：吉川文夫

PS13形パンタグラフを付けたED19 3。PS13形パンタグラフはコスト低減という観点からすれば注目していいパンタグラフなのであるが、戦時型という印象が濃く、ファンには好かれなかったようだ。
1952.2.11　豊橋機関区
P：石川一造

横須賀線から転出した32系電車な
どと並ぶ豊橋区のED19 4。
1953.3.22　豊橋機関区
　　　　　　　P：石川一造

ガラス窓、鎧窓と、ED19 5だけは他
車とはかなり違った外観に改装され
ていた。見る人にとっては昔の姿の
イメージがあるためであろうか、こ
の手の改装でスタイルが向上したと
いう例はあまり聞かない。
1970.1.30　駒ヶ根　P：諸河　久

一番原型に近い側面を持つのがこの
ED19 6であるが、前面の窓は四隅に
丸みを付けた近代的な形となってい
た。
1970.1.30　駒ヶ根　P：諸河　久

ED23

　1輌1形式の孤独のED56形は1939（昭和14）年大宮工場で改造され、ED23形となった。歯車比変更を主目的として改造された輸入機は数多くあるが、車体の大改造を受けたのはこの機関車だけである。

　スイス風の運転室廻りのスタイルは真四角な平凡な形となり、内部機器も一部変更されている。1輌しかない、それも他の車輌と仕様にかなり違いがある、ということからすれば、現在なら廃車ということになろうが、車輌の新造も不自由だった戦時中とて、改造が施されたと見たい。

　今も日本の歴史の中で〝戦時中〟と位置づけられる昭和10年代中頃から昭和20年代までの間は、鉄道輸送においては貨物輸送力の増強が強く求められる時代でもあった。輸入機の中で、山線への転用のため、歯車比を変えて定格速度をおさえ、逆に牽引力を増やす改造を受けた車輌も多いが、ED56・57形の改造は国産の

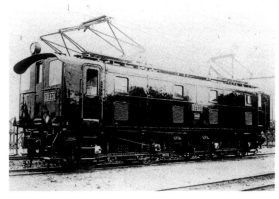

ED56形から改造された直後のED23形。パンタグラフはED56形当時のままだ。　　　　　　　　　　　　　　　　P：星　晃所蔵

EF54形がやはり歯車比を変更してEF14形とされたように、貨物機増強のためと見てよいだろう。

　ED23 1の最後は働き場所は横須賀線の貨物列車用としてであった。廃車は1960（昭和35）年5月である。

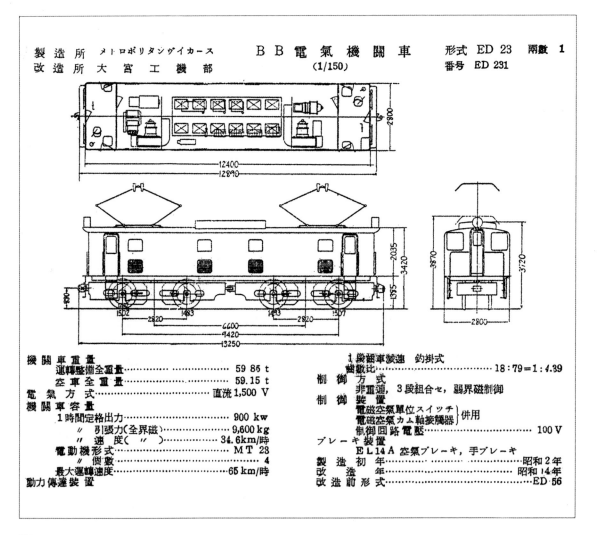

| 製造所　メトロポリタンヴイカース | | BB電氣機關車 | | | | 形式　ED 23　両數　1 | | |
| 改造所　大宮工機部 | | (1/150) | | | | 番号　ED 231 | | |

機　關　車　重　量
　運轉整備全重量‥‥‥‥‥‥‥‥‥‥　59.85 t
　空　車　全　重　量‥‥‥‥‥‥‥‥　59.15 t
電　氣　方　式‥‥‥‥‥‥‥‥‥直流 1,500 V
機　關　車　容　量
　1時間定格出力‥‥‥‥‥‥‥‥‥　900 kw
　〃　引張力（全界磁）‥‥‥‥‥‥　9,600 kg
　〃　速度（　〃　）‥‥‥‥‥‥　34.6km/時
　電　動　機　形　式‥‥‥‥‥‥‥‥　MT 23
　〃　個　数‥‥‥‥‥‥‥‥‥‥‥‥‥　4
　最　大　運　轉　速　度‥‥‥‥‥‥　65 km/時
動　力　傳　達　裝　置

1段歯車減速　釣掛式
　歯　数　比‥‥‥‥‥‥‥‥‥‥18：79＝1：4.39
制　御　方　式
　非重連，3段組合セ，弱界磁制御
制　御　裝　置
　電磁空氣單位スイッチ｜併用
　電磁空氣カム軸接觸器｜
　制御回路電壓‥‥‥‥‥‥‥‥‥‥‥　100 V
ブレーキ裝置
　EL14A 空氣ブレーキ，手ブレーキ
製　造　初　年‥‥‥‥‥‥‥‥‥‥‥‥昭和2年
改　造　年‥‥‥‥‥‥‥‥‥‥‥‥‥昭和14年
改　造　前　形　式‥‥‥‥‥‥‥‥‥‥ED 56

正面が平妻に改造されたED23形は、その後パンタグラフもPS13形に変わっている。左頁の図を45頁のED56形の図と比較して見ると、外形のみならず、内部機器配置も大幅に変更されているのが判る。 1957.1.9 久里浜 P：佐竹保雄

ひさしが随分と出ているこのED23形。図面上での遊びであるが、連結面間長さ（13250mm）ー車体全長（12890mm）÷2＝180mmとあまり余裕がない。1輌しかいないED23形だが、もし重連を組んだらカーブでぶつからないか…と余計な心配もしてみたくなる。 1955.4.23 横須賀 P：石川一造

▲前後がトンネルという横須賀線の田浦駅。ここから
軍港への引き込み線も伸びている。

1953.11.1　田浦　P：石川一造

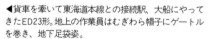

◀貨車を牽いて東海道本線との接続駅、大船にやって
きたED23形。地上の作業員はむぎわら帽子にゲートル
を巻き、地下足袋姿。

1951.8.17　大船　P：三宅恒雄

久里浜支区の庫内で休むED23形。このころの久里浜支
区にはED10形とED23形が配置されていた。そして、そ
のあとED17形と交代となった。

1959.4.5　久里浜支区　P：吉川文夫

ED24

　1944（昭和19）年に歯車比を変える改造をされて、ED57形からED24形となった２輛は、東海道本線から中央本線に転じ、八王子機関区でED57形のままずうっと使用されていた。そしてED24形となってからも所属は変わらず、1960（昭和35）年２月に廃車となっている。中央本線の主であった。

　シーメンス シュケルト製の電気機関車というと日本にも三井三池港務所のB型機、名古屋鉄道デキ１形、そしてまだ健在である上信電鉄のデキ１形などがいるが、私鉄のはいずれも凸型機であり、上信電鉄のデキ

八王子機関区に憩うED24 I。
　　　　　1952.8.21　八王子機関区　P：吉川文夫

西武鉄道との貨車の授受が行われていた中央本線国分寺付近におけるED24 I。　　　　　1953.11.29　国分寺　P：石川一造

１形にしても機械部分はM.A.N製であって、ボルジッヒ製のED57→ED24形とは面影を異にしている。その意味からすれば、この機関車は２人きり、親類縁者のいない孤独の電気機関車だったのかも知れない。

　しかし、高運転台といった感じの、いかにも工業の国ドイツからやって来ました、という姿は、東京都内の中央本線のレール上でよく見かけられ、多くのファンの目にとまった電気機関車と言えよう。私も車体にA.BORSIG BERLIN 1925という銘板を大宮工場改造の銘板と並べて走っていたED24形の姿を懐かしく思う一人である。

中央本線の電車区間、四ツ谷駅でカメラ片手に佇んでいたらED24 Iがやってきたのであわてて撮ったスナップ。客車の後に貨車も連結しているので、回送列車ではないだろうか。　　　　　1958.7.27　四ツ谷　P：吉川文夫

ボルジッヒの製造銘板（左）と〝改造昭和29年大宮工場〟という改造時の銘板（右）が見えるED24 2。機械部分を作ったボルジッヒは蒸気機関車では8850形で名を知られているが、電気機関車となると日本にはこの2輛しかいない。　　　　　1959.3.29　八王子機関区　P：佐竹保雄

均整のとれたスタイルの電気機関車であるED24形も1形式2輛という少数民族。このような小単位の電機は、新鋭機ED60形、ED61形などが落成した直後の1959〜1960年にかけて一斉に廃車となり、ED24形もそのなかにいた。　　　　　1959.3.29　八王子機関区　P：佐竹保雄

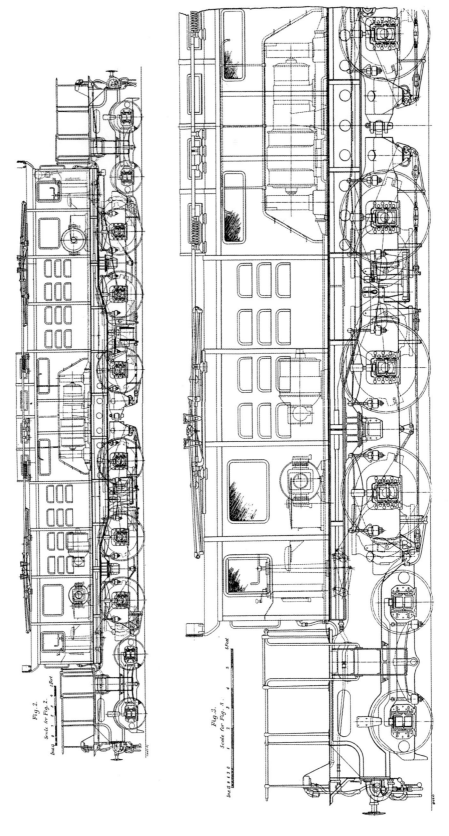

1,800-H.P. 4-6 6-4-TYPE ELECTRIC LOCOMOTIVE FOR THE IMPERIAL JAPANESE RAILWAYS.

THE ENGLISH ELECTRIC COMPANY, LIMITED, ENGINEERS, LONDON.

(For Description, see Page 97.)

Fig. 2.

Scale for Fig. 2.

Fig. 3.

Scale for Fig. 3.

▲英国"Engineering"誌(1924年1月25日号)に掲載された8000(EF50)形総組立図。臼井茂信提供

電気機関車要目表について

　電気機関車の要目表として、ED56形、ED57形もそろった1929（昭和4）年のものと、ED級が歯車比を変更されてED10番代に改番され、ED50番代がなくなってしまった1953（昭和28）年のものを今回掲載した。

　これらの表は表現方法にいろいろ差があるが、あえて手を加えず原典をそのままのデータとしてある。このため、本文中によく出てくる歯車比にしても、例えばED10形の場合、片方は17：76とあるが、もう一方では4.47となっている。歯車比＝大歯車の歯数÷小歯車の歯数であるから、76÷17≒4.47となるわけである。

　面白いのは1929（昭和4）年の要目表の製造所の項で、イングリッシュエレクトリックは和訳されて〝英國電氣〟、ノースブリティッシュは〝北英國〟となっているのが判る。ブラウンボベリーのような人名は訳しようがないが、ゼネラルエレクトリックが〝一般電氣〟ではなく、ゼネラルだけ英語のままなのもご愛嬌というべきか。

　全体的なこととしては、輸入電機はたびたび改造を受けているので、自重（運転整備重量）などは年代に

ED17 1の台枠の部材として使用された形鋼に表されている王冠印の標記（ロールマーク）。　　　　　　　1987.8.9　P：吉川文夫

よりいろいろ変化している。また、1953（昭和28）年の要目表にある主電動機や先台車の形式は国鉄が定めた形式であって、メーカーの形式とは異なっていることも注意したい。このように形式が使用者側とメーカー側で異なるというのは現在でも存在する。

　最後に用語のことであるが、1929（昭和4）年の要目表の歯車の項に〝モヅール〟とあるのは現在は〝モジュール〟（module）と表現されていることを記しておく。

■鐵道省電氣機關車概要表

製造所連名ハ共同製作ヲ示ス
（車輛工学会編　全国機関車要覧／昭和4年8月30日溝口書店刊より）

項　目		配輪	B－B						
		形式	ED－10	ED－11	ED－12	ED－13	ED－14	ED－15	ED－50
		番號	ED－101 ED－102	ED－111 ED－112	ED－121 ED－122	ED－131 ED－132	ED－141 ～144	ED－151 ～153	ED－501 ～5017
製　　造　　所			ウエスチングハウス ボールドウイン	ゼネラル電氣	ブラウン ボベリー	英國電氣	ゼネラル電氣	日立製作所	英國電氣 北英國
電氣方式　直流(ボルト)			1500	1500	1500	1500	1500	1500	1500
主電動機	電壓　（ボルト）		675	675	675	675	675	675	675
	出力　（一時間定格）k.w		210	250	225	210	250	210	210
	回轉數　（同）毎分		470	570	470	550	570	680	550
	個數		4	4	4	4	4	4	4
制　御　方　式			複式	複式	複式	複式	複式	複式	複式
			單位スイッチ	單位スイッチ	電動カム軸	電動カム軸	單位スイッチ	單位スイッチ	電動カム軸
制　動　機　種　類			EL－14A	EL－14A	EL－14A	EL－14A	EL－14A	EL－14A	EL－14A
			手用	手用	手用	手用	手用	手用	手用
歯車	モヅール		12	12	12	12	12	12	12
	歯數		17:76	16:69	23:90	19:77	16:69	19:77	24:72
運轉整備重量　　　t.			56.48	59.60	59.22	64.23	60.47	58.12	60.63
動輪上整備重量　　t.			56.48	59.60	59.22	64.23	60.47	58.12	60.63
空車重量　　　　　t.			55.78	58.90	58.02	63.93	59.79	57.78	60.33
最大寸法	長　　mm.		12080	11275	12020	12340	11200	13260	12340
	幅　　mm.		2790	2820	2745	2600	2740	2600	2600
最大高　（集電装置降下）mm.			4100	3920	4135	4035	3912	3910	3935
製　造　年			大正11年	大正12年	大正12年	大正13年	大正15年	大正15年	大正12年

項目	B－B		1－B－B－1	1－D－1	B－B		2－C－C－2
配輪	ED－51	ED－52	ED－53	ED－54	ED－56	ED－57	EF－50
番號	ED－511 ～513	ED－521 ～523	ED－531 ～536	ED－541 ED－542	ED－561	ED－571 ED－572	EF－501 ～508
製造所	英國電氣 北英國	英國電氣 北英國	ウエスチング ハウス ボールドウイン	ブラウン ボベリー スイス機關車	メトロポリタン ビッカース	シーメンス シュケルト	英國電氣 北英國
電氣方式　直流(ボルト)	1500	1500	1500	1500	1500	1500	1500
主電動機　電壓　(ボルト)	675	675	675	675	1350		675
主電動機　出力 (一時間定格)k.w	210	210	210	385	230	235	210
主電動機　回轉數 (同) 毎分	550	550	620	700	660		550
主電動機　個數	4	4	4	4	4	4	6
制御方式	複式 電動カム軸	複式 電動カム軸	複式 單位スイッチ	複式 カム軸接觸器	複式 單位スイッチ	複式 單位スイッチ	複式 電動カム軸
制動機種類	EL－14A 手用	EL－14A 手用	EL－14A 手用	EL－41A 手用	EL－14A 手用	EL－14A 手用	EL－14A 手用
歯車　モヅール	12	12	12	12	12	12	12
歯車　歯數	27:69	27:69	25:68	34:114	22:75	21:86	27:69
運轉整備重量　t.	60.04	61.66	68.45	77.75	61.44	60.90	100.85
動輪上整備重量　t.	60.04	61.66	68.45	59.75	61.44	60.90	
空車重量　t.	59.54	61.36	67.82	77.39			100.53
最大寸法　長　mm.	12340	12340	12500	13600	13250	13140	21000
最大寸法　幅　mm.	2600	2600	2770	2745	2800	2770	2600
最大高 (集電装置降下)mm.	3935	3935	3950	3920	3870	4010	3935
製造年	大正14年	大正12年	大正15年	大正15年	昭和2年	昭和2年	大正12年

項目	1－C－C－1	2－C－C－2	C	D	BB	B
配輪	EF－51	EF－52	EC－40	ED－40	ED－41	AB－10
番號	EF－511 EF－512	EF－521 ～527	EC－401 ～4012	ED－401 ～4014	ED－411 ED－412	AB－101 AB－102
製造所	ウエスチング ハウス ボールドウイン	日立・芝浦・ 汽車・三菱 電・川崎車・ 川崎造船	アルゲマイネ	鐵道省大宮工場	ブラウン ボベリー スイス機關車	芝浦　汽車 湯淺
電氣方式　直流(ボルト)	1500	1500	600	600	600	蓄電地
主電動機　電壓　(ボルト)	675	675	540	540	540	268
主電動機　出力 (一時間定格)k.w	210	230	290	240	180	128
主電動機　回轉數 (同) 毎分	620	680	550	570	330	480
主電動機　個數	6	6	2	2	3	2
制御方式	複式 單位スイッチ	單式 單位スイッチ	單式 單位スイッチ	單式 單位スイッチ	單式 カム軸接觸器	單式 單位スイッチ
制動機種類	EL－14A 手用	EL－14A 手用	EL－14B 回生、手用	EL－14B 回生、手用	EL－14B 回生・手用	入替空制 手用
歯車　モヅール	12	12				
歯車　歯數	25:68	22:76	14:91(動) 15:88(歯)	15:97(動) 17:99(歯)	19:94(動)	17:71
運轉整備重量　t.	85.42	108.56	46.00	60.70	59.85	30.51
動輪上整備重量　t.			46.00	60.70	59.85	30.51
空車重量　t.	84.79	107.41	45.73	60.33	59.21	
最大寸法　長　mm.	16560	20800	9550	9780	12800	8200
最大寸法　幅　mm.	2770	2810	2600	2605	2600	2870
最大高 (集電装置降下)mm.	3950	4115	4080	4200	3885	3975
製造年	大正15年	昭和3年	明治44年	大正8年	大正15年	昭和2年

■国鉄輸入電気機関車一覧（昭和28年現在）

項目　　　　形式		ED10	ED11	ED14	ED17	ED18
車　軸　配　置		BB	BB	BB	BB	BB
重　量（運転整備）	全重量　(t)	61.10	59.60	59.79	59.37or59.80 or60.00	61.55
	動輪上重量　(t)	61.10	59.60	59.79	61.32or59.80 or60.00	61.55
全　　　　長　(mm)		12,080	11,275	11,200	12,340	12,340
巾　(mm)		2,790	2,870	2,740	2,600	2,600
高　(mm)		3,800	3,800	3,725	3,950	3,950
全　軸　距　(mm)		8,940	7,925	7,800	8,610	8,610
固　定　軸　距　(mm)		2,770	2,590	2,650	2,820	2,820
動　輪　径　(mm)		1,250	1,070	1,250	1,250	1,250
先　輪　径　(mm)						
パンタグラフ形式		PS14	PS14A	PS10orPS10B	PS14A	PS6
歯　車　比		4.47	4.31	4.31	4.33	4.33
定格 一時	出力　(kW)	820	975	975	820or920	820
	牽引力　(kg)	12,500	13,600	11,600	10,300	10,300
	速度　(km/h)	24	26	30.0	29.0	29.0
	電流　(A)	340	400	400	350	350
主　電　動　機　形　式		MT5	MT8	MT8	MT6orMT6A	MT6
電　動　発　電　機　形　式		MH49A－DM28orDM3	MH49A－DM28orDM2	MH26－DM12	MH14－DM7	MH14－DM7
電　動　送　風　機　形　式		MH50－FK10A	MH9orMH72－FK4orFK25	MH29－FK14	MH14－FK8	MH14－FK8
電　動　空　気　圧　縮　機　形　式		DM3－AK6	MH10orMH57－AK7orAK4	MH28－AK7	MH6orMH23 B－AK9orAK4	MH17orMH23 B－AK10orAK4
制　御　方　式		非重連 2段組合 弱界磁	非重連 2段組合	非重連 2段組合 弱界磁	非重連　2段組合 弱界磁（一部変更）	非重連 2段組合 弱界磁
制　御　装　置		電磁空気 単位スイッチ式	電磁空気 単位スイッチ式	電磁空気 単位スイッチ式	電磁空気 単位スイッチ式	電動カム軸
制　動　装　置		EL14A空気 ブレーキ 手ブレーキ	EL14A空気 ブレーキ 手ブレーキ	EL14A空気 ブレーキ 手ブレーキ	EL14A空気 ブレーキ 手ブレーキ	EL14A空気 ブレーキ 手ブレーキ
先　　台　　車		－	－	－	－	－
製　造　初　年		大正11年	大正12年	昭和元年	大正12年	大正12年
製　造　所		W.H.	G.E.	G.E.	E.E.	E.E.
現　在　輛　数		2	2	4	25	1

項目　　　　形式		ED19	ED23	ED24	EF50	EF51
車　軸　配　置		1BB1	BB	BB	2CC2	1CC1
重　量（運転整備）	全重量　(t)	67.70or66.67	59.85	62.5	97.00	89.66
	動輪上重量　(t)	52.00or50.00	59.85	62.5	72.00	74.40
全　　　　長　(mm)		12,500	13,250	13,140	21,000	16,560
巾　(mm)		2,770	2,800	2,770	2,600	2,770
高　(mm)		3,660	3,870	3,770	3,950	3,660
全　軸　距　(mm)		10,060	9,420	9,650	18,365	14,120
固　定　軸　距　(mm)		2,030	2,820	3,500	4,267	4,060
動　輪　径　(mm)		1,250	1,250	1,400	1,400	1,250
先　輪　径　(mm)		940	－	－	940	940
パンタグラフ形式		PS14AorPS13	PS14	PS14	PS10orPS14	PS15orPS10B
歯　車　比		4.47	4.39	4.63	2.56	2.72
定格 一時	出力　(kW)	820	900	910	1,380	1,230
	牽引力　(kg)	12,000	10,200	9,000	7,000	10,600
	速度　(km/h)	25.0	34.6	36.5	65.0	41.0
	電流　(A)	340	185	380	350	340
主　電　動　機　形　式		MT19	MT23	MT24	MT6A	MT19
電　動　発　電　機　形　式		MH25－DM13	MH49A－DM28A	MH49A－DM28A	MH14－DM7	MH25－DM13
電　動　送　風　機　形　式		MH25－FK12	MH41orMH50－FK20orFK10A	MH72－FK25	MH14－FK9	MH25－FK23
電　動　空　気　圧　縮　機　形　式		M23－AK4	MH23B－AK4	MH57A－AK4	MH23－AK4	MH23－AK4
制　御　方　式		非重連 2段組合 弱界磁	非重連 2段組合 弱界磁	非重連 2段組合 弱界磁	非重連 2段組合 弱界磁	非重連 3段組合 弱界磁
制　御　装　置		電磁空気 単位スイッチ式	電動カム軸 接触器併用	電磁空気 単位スイッチ式	電動カム軸 接触器併用	電磁空気 単位スイッチ式
制　動　装　置		EL14A空気 ブレーキ 手ブレーキ	EL14A空気 ブレーキ 手ブレーキ	EL14A空気 ブレーキ 手ブレーキ	EL14A空気 ブレーキ 手ブレーキ	EL14A空気 ブレーキ 手ブレーキ
先　　台　　車		LT141	－	－	LT251	LT141
製　造　初　年		昭和元年	昭和2年	昭和2年	大正12年	昭和元年
製　造　所		W.H.	M.V.	S.S.	E.E.	W.H.
現　在　輛　数		6	1	2	8	2

車号別組立関係一覧表について

　輸入電気機関車がいつ到着し、いつ試運転されたか、いつ配属されたかの詳細な表が東海道線電気運転沿革誌（東京鉄道局運転課編）に掲載されている。46～47頁をご覧いただきたい。

　ここでは一番注目したいのは日本での到着港で、カッコのあるのは神戸着とあることである。関東地区は1923（大正12）年9月1日に大地震に見舞われた。関東大震災と言われる災害である。このため横浜港も被害を受け、やむを得ず神戸港へ陸揚げしたものである。6000形（後のED52形）、8000形（EF50形）にその例が見られるが、6003にカッコがあるのは日付からみて矛盾がある。あるいは6004の誤りではないかと思う。

　到着の機関庫としては、当初の600V／1200V仕様車のほとんどは各電車庫に送られている。その他は田町分庫、田町機関庫が多い。輸入電気機関車は工場試運転のあと、当初は各電車庫に収容したが、1923（大正12）年8月に品川駅構内田町寄リに電気機関車収容所が設けられ、品川電車庫の管理するところとなった。ここは1925（大正14）年5月田町機関庫として1本立ちしたが、1926（大正15）年4月東京機関庫が電化され、田町機関庫はその分庫となった。東京駅構内に電気機関車の車庫があった！　など、今では想像もつかないが、八重洲口側に存在したのである。この構内の地平部分は東海道本線用のホーム増設、現在では新幹線の設備用として利用されている。東京機関区は1942（昭和17）年に品川駅構内に移転している。

戦時中の1944（昭和19）年に軍の要請で延長された横須賀線の久里浜には、国府津機関区久里浜支区が設置された。機関庫は木造のささやかな建物であった。

1968.8.15　久里浜支区　P：笹本健次

電氣機關車々號別組立關係一覽表

形式	番號	製作所	横濱着 ()ハ神戸着	組立工場 到着	工場關係試運轉 構内	工場關係試運轉 立合	廻送 組立工場發送	廻送 機關庫到着	廻送 到着機關庫	東鐵配屬	記事
1000	1000	W.H.	大11-11-2	大11-11-17	大11-11-30	自12-1-27 至12-2-9	大11-12-14	大12-2-2	中野電車庫	大12-1-30	
〃	1001	〃	〃	〃	11-12-20	〃	11-12-18	〃		〃	
1010	1010	G.E.	12-2-26	12-3-12	12-3-25	自12-3-29 至12-3-31	12-3-29	12-4-5	〃	12-4-21	
〃	1011	〃	〃	〃	12-4-16	12-8-21	12-8-16	12-11-2	品川電車庫	13-2-26	
1020	1020	B.B.C.	12-8-27	12-10-3	12-12-12	12-12-26	12-12-25	13-5-18	蒲田 〃	〃	
〃	1021	〃			12-12-22	〃	〃	13-7-30	品川 〃	〃	
1030	1030	E.E.C.	12-2-17	13-2-22	13-8-2	{ 13-8-3 / 13-8-21 }	14-5-30	14-5-31	田町機關庫	13-11-19	
〃	1031	〃	〃	〃	13-8-21	13-8-21	13-10-9	13-10-9	品川電車庫	13-10-20	
1040	1040	E.E.C.	12-5-1	12-5-9	{ 12-6-12 / 12-7-3 / 14-5-16 }	{ 12-7-7 / 12-7-10 / 14-5- }	{ 12-7-3 / 14-5-14 }	14-5-29	田町機關庫	14-6-15	
〃	1041	〃	〃	〃	12-6-22	12-7-16	12-7-4	12-7-19	品川電車庫	13-2-26	
〃	1042	〃	12-5-10	12-5-12	12-6-25	12-8-2	12-7-27	12-7-27	〃	〃	
〃	1043	〃	〃	〃	12-6-28	12-8-9	12-7-31	12-8-12	〃	〃	
〃	1044	〃	12-5-29	12-6-6	12-7-7	12-8-12	12-8-2	12-11-1	〃	〃	
〃	1045	〃	〃	〃	12-7-12	12-8-28	12-8-18	〃	〃	〃	
〃	1046	〃	〃	〃	12-8-17	13-2-5	12-10-10	13-2-10	蒲田電車庫	13-5-5	
〃	1047	〃	12-6-22	12-7-1	12-9-29	〃	12-10-8	〃	〃	〃	
〃	1048	〃	〃	〃	12-11-3	13-2-12	12-11-3	13-2-16	品川電車庫	〃	
〃	1049	〃	〃	〃	12-11-7	〃	12-11-13	〃	〃	〃	
〃	1050	〃	〃	〃	12-11-14	13-2-19	12-11-14	13-2-22	蒲田電車庫	〃	
〃	1051	〃	12-7-9	12-7-15	12-11-22	〃	13-2-18	〃	〃	〃	
〃	1052	〃	〃	〃	13-1-12	13-2-26	13-2-25	13-3-1	〃	〃	
〃	1053	〃	12-8-3	12-3-12	13-1-17	〃	〃	〃	〃	〃	
〃	1054	〃	〃	〃	13-1-29	13-5-2	13-5-15	13-5-15	品川電車庫	13-7-16	
〃	1055	〃	〃	〃	13-2-1	〃	〃	〃	〃	〃	
〃	1056	〃	13-4-11	13-4-19	13-9-5	13-9-8	13-9-10	13-9-13	〃	13-10-20	
1060	1060	G.E.	15-3-1	15-5-25	15-6-19	15-6-24	15-6-20	15-6-20	田町分庫	15-7-16	
〃	1061	〃	〃	15-6-7	15-6-21	〃	15-6-22	15-6-22	〃	〃	
〃	1062	〃	15-3-20	15-9-1	—	15-10-7	15-9-17	15-9-17	〃	15-10-28	
〃	1063	〃	〃	15-9-13	15-9-30	〃	15-10-3	15-10-3	〃	〃	
1070	1070	日立	—	13-11-12	{ 13-11-25 (工試) / 13-12-16 (立合) }	15-3-1 (品-國間)	—	15-2-24	田町機關庫	15-4-14	
〃	1071	〃	—	—	—	15-3-13 (品-國間)	—	〃	〃	〃	
〃	1072	〃	〃	—	—	15-3-13 (品-國間)	—	15-3-9	〃	〃	
6000	6000	E.E.C.	14-3-16	—	—	14-5-14	14-6-12	14-6-12	〃	14-6-15	
〃	6001	〃	〃	—	—	14-6-4	14-6-9	14-6-9	〃	14-7-8	
〃	6002	〃	〃	—	—	14-5-20	14-6-11	14-6-11	〃	14-6-15	

形式	番號	製作所	横濱着 ( )ハ神戸着	組立工場 到着	工場關係試運轉		廻送			東鐵 配屬	記事
					構内	立合	組立工場 發送	機關庫 到着	到着 機關庫		
6000	6003	E.E.C.	大(12-8-26)	大12-12-10	大13-10-23	大13-10-30	大13-11-6	大13-11-6	品川電車庫	大13-11-16	
〃	6004	〃	12-9-6	13-1-25	13-4-20	13-5-26	13-6-4	13-8-14	蒲田 〃	13-7-16	
〃	6005	〃	(12-9-27)	13-1-24	13-6-3	13-6-6	13-6-14	13-6-14	品川電車庫	13-7-16	
〃	6006	〃	(〃)	13-1-23	13-5-31	〃	〃	〃	〃	〃	
〃	6007	〃	(〃)	13-1-24	13-10-30	13-11-1	13-11-12	13-11-12	〃	13-12-18	
〃	6008	〃	(〃)	13-1-23	13-11-10	13-11-12	14-5-15	14-5-16	田町機關庫	〃	
6010	6010	W.H.	15-6-15	15-7-20	15-8-9	15-9-2	15-8-10	15-8-10	田町分庫	15-10-2	
〃	6011	〃	15-5-23	15-7-26	15-8-26	〃	15-8-29	15-8-29	〃	〃	
〃	6012	〃	〃	15-9-25	15-9-29	15-10-19	15-10-1	15-10-1	〃	15-11-9	
〃	6013	〃	15-6-15	〃	—	—	15-10-13	15-10-13	〃	〃	
〃	6014	〃	〃	15-9-30	—	15-11-8	15-10-21	15-10-21	〃	15-11-20	
〃	6015	〃	〃	〃	—	〃	15-10-30	15-10-30	〃	〃	
7000	7000	B.B.C.	15-2-26	15-3-20	15-4-26	15-5-24	15-5-15	15-5-15	〃	15-7-7	
〃	7001	〃		15-4-28	{ 15-5-26 / 15-6-3	15-6-15	15-6-12	15-6-12	〃	15-7-16	
8000	8000	E.E.C.	(12-10-26)	13-2-5	13-4-19	13-5-1	13-5-15	13-5-15	品川電車庫	13-7-16	
〃	8001	〃	(〃)	〃	13-8-28	13-8-30	13-8-30	13-8-31	〃	13-9-30	
〃	8002	〃	(12-10-27)	13-2-6	13-9-19	13-9-25	13-9-27	13-9-27	蒲田電車庫	13-10-20	
〃	8003	〃	(〃)	〃	13-10-2	13-10-6	13-10-8	13-10-8	品川電車庫	13-11-19	
〃	8004	〃	(12-12-8)	13-2-7	13-10-14	13-10-21	13-11-22	13-11-22	〃	〃	
〃	8005	〃	(〃)	〃	13-11-19	13-11-25	13-12-6	13-12-6	〃	14-2-16	
〃	8006	〃	13-4-26	13-4-30	13-12-3	13-12-8	14-1-13	14-1-13	〃	〃	
〃	8007	〃	〃	〃	13-12-26	14-1-8	15-5-7	15-5-7	田町分庫	14-4-21	
8010	8010	W.H.	15-5-2	15-7-6	15-7-23	15-7-29	15-7-24	15-7-24	〃	15-8-16	
〃	8011	〃	〃	15-6-23	15-7-12	〃	15-7-14	15-7-14	〃	〃	
ED56	ED561	M.V.					昭3-7-1	昭3-7-1	〃	昭3-1-30	
ED57	ED571	S.S.					昭3-5-30	昭3-5-30	〃	3-2-2	
〃	ED572	〃							〃		
EF52	EF521	日立	—	—	—	昭3-9-15	3-9-20	3-9-26	國府津機關庫	3-9-25	
〃	EF522	〃	—	—	—	3-10-24	3-10-25	3-10-26	〃	3-11-7	
〃	EF523	芝浦	—	—	—	3-5-31	3-6-21	3-6-21	〃	3-5-30	
〃	EF524	〃	—	—	—	3-5-12	3-6-12	3-6-12	〃	3-6-25	
〃	EF525	三菱	—	—	—	3-7-4	—	3-7-21	〃	3-7-17	
〃	EF526	〃	—	—	—	3-7-14	—	3-7-29	〃	3-7-23	
〃	EF527	川崎	—	—	—	〃	—	3-7-28	〃	3-8-11	

備考　(1)廻送欄中工場發送ヨリ機關庫マテニ日子ヲ要セシハ一旦大井工場ニ廻送構内試運轉運轉ヲナセル為メナリ
　　　(2)工場關係試運轉中立合ハ工場若クハ機關庫ニ於テ施行セリ

おわりに

　国鉄電化運転の礎を築いた輸入電気機関車について写真を主体とした本をまとめることができたのは、写真、資料をご提供いただいた諸先輩のおかげであるとまずお礼申し上げたい。

　欧米の先進国から輸入されたこれらの電気機関車群はそれぞれ個性、特徴があって興味が尽きない。

　その形を見ても、日本以外の国にも似たような車輌がいて「オヤッ！」と思うことがある。アメリカの電化鉄道の写真を眺めてみると、ED11・ED14形に似たのがいるし、ED53・EF51形から国産EF52・EF53形へと血がつながっているような電気機関車が登場した後のニューヨークセントラルのTシリーズなど、屋根の先端がひさし形から丸形になってEF56を思わせるところがあり、場所は変わっても種は同じように進化する…と思ったことがあった。

　スマートな現代の電機もいいが、車体にリベットや

帯があり、板台枠や組立式台枠。モーターの音も勇ましい輸入電機も男っぷりは〝やさ男〟ではなく〝硬派の男〟の魅力がある。

　本書をまとめるに当たって写真をご提供をいただいた方々を含め、荒井文治氏、星　晃氏、西尾源太郎氏、青木栄一氏、杉田　肇氏、沖田祐作氏には資料・調査においてもお力添えをいただいたことを、参考にさせていただいた文献の著者ともども感謝したい。

　　　　　　　　　　吉川文夫（鉄道友の会副会長）

上下巻にわたって挿入した形式図の出典は☆印の文献資料によった。
参考文献
・日本国有鉄道史
・東海道線電気運転沿革誌
・国鉄形式図 ☆
・仙山線仙山隧道工事並作並ー山寺間電化工事誌
・杉田　肇　電気機関車ガイドブック　1969（昭和44）年11月5日　誠文堂新光社刊
・世界の鉄道'69　1968（昭和43）年10月14日　朝日新聞社刊
・全国機関車要覧　1929（昭和4）年8月30日　溝口書店刊 ☆
・鉄道ピクトリアル／電気車の科学／鉄道ファン／鉄道　各号
・沖田祐作氏編　三訂版機関車表　1996（平成8）年5月（自家出版）
・F.J.G.Hant The Pictorial History of Electric Locomotives.　Barnes刊

甲府駅の外れ、すでに戦列を離れた6輌のED17形が全身に夕陽を浴びて佇む。1970年代、それは日本の電気機関車の礎となった輸入電機たちの終焉の時であった。　　　　　　　　1970.10.19　甲府　P：笹本健次